U0246270

THE ONE HUNDRED

我的100件时尚单品(典藏版)

[美] 尼娜·加西亚◎著
鲁本·托莱多◎插图
吕方兴◎译

中信出版社·CHINACITICPRESS·北京·

图书在版编目（CIP）数据

我的 100 件时尚单品 /（美）加西亚著；（美）托莱多绘；吕方兴译 . —2 版 . —北京：中信出版社，2012.11（2018. 8 重印）
书名原文：The One Hundred
ISBN 978-7-5086-3551-4
I. 我… II. ① 加… ② 托… ③ 吕… III. 女性－服饰美学 IV. TS941.11
中国版本图书馆 CIP 数据核字（2012）第 219274 号

THE ONE HUNDRED: A Guide to the Pieces Every Stylish Woman Must Own
by Nina Garcia

我的 100 件时尚单品

著　　者：[美] 尼娜 · 加西亚
插　　图：[美] 鲁本 · 托莱多
译　　者：吕方兴
策划推广：中信出版社（China CITIC Press）
出版发行：中信出版集团股份有限公司
（北京市朝阳区惠新东街甲 4 号富盛大厦 2 座　邮编　100029）
（CITIC Publishing Group）
承 印 者：北京通州皇家印刷厂

开　　本：880mm×1230mm　1/32　　印　　张：10　　字　　数：94 千字
版　　次：2012 年 11 月第 2 版　　印　　次：2018 年 8 月第 22 次印刷
京权图字：01-2009-1299　　广告经营许可证：京朝工商广字第 8087 号
书　　号：ISBN 978-7-5086-3551-4/G · 860
定　　价：48.00 元

目录

D E F

G H I

J K L

MNO

PQR

S

The ONE HUNDRED

一本属于每个女人的风格指导

玫瑰上的雨滴，小猫的胡须，
光泽可鉴的铜壶，温暖的羊毛手套，
用绳子扎紧的牛皮纸袋，
这些都是我的最爱。

——电影《音乐之声》插曲《那些我的最爱》

作者的话

如果此刻你走进我的衣橱，你会看到什么呢？整架整架绚丽缤纷的高跟鞋、堆得像小山一样的各色手袋，还有满架的Hanes[1]（恒适）白色T恤和黑色开司米毛衫，以及成排的黑色礼服裙和满满一衣柜的牛仔裤。不幸的是，在这美妙的一切上面，盖着一张丑得掉渣的粗帆布——我的房子正在改建，它原本应该在2006年11月完工……而现在已经是2008年的3月了。这让我很抓狂。我和丈夫只能带着儿子暂居在不远的一所公寓里。于是，我的生活里经常会上演这样的场景：我急匆匆地奔回自己的公寓，脚底下踩着厚得吓人的灰尘和各种装修留下的碎片残渣跑到衣柜前，掀开盖在上面的粗帆布，从里面拎出几件衣服救急。

在过去的几个月里，我可能这么干了不下百次。以前人们常常问我：哪些单品是时尚必备品？哪些是你生活当中离不了、离了会发疯的单品？这下我终于知道答案了。那些让我一次又一次狂奔回公寓，一次又一次忍着飞扬的尘土和脚底各种残渣也要回去拿的，就是我的时尚必备单品。

你可能会问“为什么”？

这些单品陪伴我走过了一季又一季。它们静静地躺在我的衣橱中，无论我的身材经历怎样的变化，也不论时尚风潮如何改变，只要穿上它们，我就会信心满满，觉得我的魅力并未随年华而逝去。它们在阴沉郁闷的暗夜里抚慰我，也令我沉醉在难以忘怀的精彩时光里。它们中的每一件我都记得，因为每一件上面都刻下了我独有的风格印记。

毫不夸张地说，它们为我塑造出了专属于我的形象。没有什么能代替它们，永远都没有。

在我担任杂志时装总监的这些年中，我见证了时尚风潮的起起落落，变幻莫测。但是我也发现有一些单品拥有超越时光的魅力，它们可能在一两年内淡出人们的视野（也许更长时间），但是之后总能卷土重来，重新登上潮流顶端。也许这些单品采用的色彩会变，材质会变，而且当红设计师或者品牌也在不断更替，但是它们经典的风格却构成了时尚产业的灵魂。同时，它们在每个时代呈现出来的多彩样式也帮助我形成了自己的时尚品位。

从这一点上来讲，时尚单品一直在改变。所以，把握时尚脉搏的关键，在于找出那些最适合自己的单品和款式。

我想对本书的每一位读者说，对于书中介绍的每一种单品，我都会对其进行恰当的改变，以适应我的身材、个性和独特风格，我希望你们也能和我一样。我希望本书能够成为每一位爱美女性的时尚教科书，但是它不可能是一份完全为你量身定做的指南。那种完全贴合每个人需要的指南是不存在的，因为它也不符合时尚精神的本质。事实上，每一位时尚女性内心都充满了对独特风格的向往，她们绝不希望拥有一本千篇一律的时尚“守则”。时尚难以捉摸，但这正是它的致命魅力。因此，我所做的，只是为每一位女士提供一个思考时尚的角度和参照。我在书中记录了那些历经时间变迁和潮流更迭仍旧充满活力的单品，我希望本书能成为你找到它们的向导。

所以，在阅读本书的时候，我希望你们记得我在处女作——《我的风格小黑皮书》中所提到的原则：着装是你展示自我最好的方式之一。穿上契合你个人特色的衣装，就是在向世界彰显你的存在。我希望你在阅读本书的时候能时刻记起这句话，这样，你就能找到最适合自己的“100 件时尚必备单品”。

但是，如果你不对本书推荐的单品做一些适合自己的改动，就无法领略到它们所传达的时尚精神，而且对你提升自己的时尚品位也毫无益处。无论你属于何种风格，无论你应当如何装扮自己，需要的无非还是这些为数不多、能历久不衰的经典单品。本书介绍的是属于我的 100 件必备单品，但身为资深时尚人士，我相当肯定，其中的一部分也将是（而且必须是）你们衣橱中的必备单品。

因此，你将在书中看到我不厌其烦地把它们一一介绍给你们。从 A 字裙到 Converse（匡威）帆布鞋；从为女性打造独立、自信气质的鸡尾酒戒指到经典优雅形象的代言单品——小黑裙，它们都历经了岁月的重重考验，仍旧光彩夺目。它们唤醒了我的时尚嗅觉，为我所投身并且热爱的时尚事业提供了源源不绝的灵感。它们都带有我个人的风格印记，因此它们相当私密——你们阅读这本书，就如同走进了我的私人衣橱一样。而每一位女士都知道，这就像在闺蜜面前吐露内心的秘密一样，我得准备好迎接你们的惊喜或者……惊讶。我当然希望是前者了！

亲爱的购物狂们，各就各位，准备开始奇妙的旅程吧！谁拥有的高跟鞋最多，谁就大获全胜。

当无端被小狗咬了一口，
或是被蜜蜂蜇了，
当我感到难过、失望，
只要想起我的那些最爱，
我便可以忘掉悲伤。

——电影《音乐之声》插曲《那些我的最爱》

The
ONE
HUNDRED

1.

A字裙

A- Line Dress

真正的A字裙是指上身和腰围处较窄，而下摆逐渐变得宽大的裙装，因其整体呈A字形而得名。A字裙几乎可以胜任任何场合——在你兴致最高昂的时候，你可以穿A字裙；当你心情最低落的时候，你也可以穿A字裙。当你不知道要穿什么的时候，选择A字裙吧，准没错！它可以让你在任何场合、任何天气情况下都显得容光焕发。最重要的是，它能美化你的身材比例。你只需挑选一些足够亮眼的饰品与之搭配——比如一双让人过目难忘的美鞋，或是一条修饰腿部线条的黑色裤袜，当然，这得根据季节和气候来定。看吧，它就是这么好搭，难怪20世纪60年代美国的时尚女郎们人人都有几件A字裙——那可是个把玩乐和精神解放看得比什么都要重要的时代。

A字裙是当时那些顶尖潮人们的衣橱必备单品——崔姬[2]、佩内洛普・特里[3]、伊迪・塞奇威克[4]、玛丽・匡特[5]和简・诗琳普顿[6]，无一例外。她们是那个年代的凯特・摩斯，如果你在谷歌图片搜索中查找她们，第一页一定会出现她们身着A字裙的照片。照片上的她们时常将印有醒目符号或颜色鲜亮的A字裙搭配短靴或平底鞋来穿，通常配饰也很棒。这种穿着风格后来逐渐成为20世纪60年代的标志性风格。A字裙得以从当时风靡至今，最主要的原因莫过于它对各种不完美身材的完美修饰功能。所以，放开了享受美食吧！时尚女郎们，只要有A字裙，我们还有什么好怕的？

选一条适合自己的 A 字裙，它合身而巧妙的剪裁将完美地遮盖你的身材缺陷。无论何时何地以及何种季节，有几条 A 字裙在手，你将会让自己充满潮流感，就像永远不老的时尚精灵——崔姬一样。

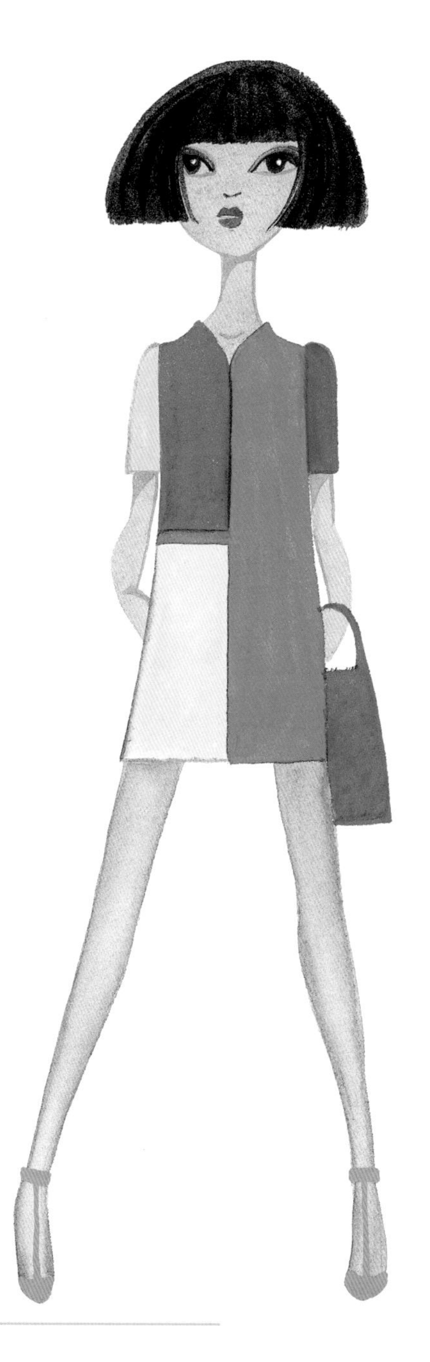

A 字裙穿搭要领
穿出你的曲线

- 强烈建议你的衣橱中常备一条黑色 A 字裙，它足以帮你应付各种棘手的局面——比如突然被邀请参加晚宴，或者临时要赶赴一场约会，又或者你只有 5 分钟的换装时间。
- A 字裙在夏天可以搭配各色凉鞋，冬天可搭配长筒靴，实在是全年适用的必备品。
- 将白色 A 字裙搭配黑色连裤袜来穿，这种色彩的强烈对比将使你看上去充满俏皮感。
- 如果你足够有胆量，那就用亮色的 A 字裙搭配同样也是亮色的裤袜，它们会让你顿时化身为 20 世纪 60 年代的摩登女郎。

fashion 101

1955年，Christian Dior（克里斯汀·迪奥）从Balenciaga[7]（巴黎世家）经典的三角裙中获得灵感，创造了A字裙。他把裙子腰部多余的布料裁去，从而使侧面显现出更贴合身材的腰部线条，同时也保留了裙子在穿着时的宽松感。20世纪50年代的经典裙装强调束紧腰部，紧勒出身体曲线，而A字裙打破了这一传统。一开始人们拒绝穿上A字裙，因为它显然勒得不够紧，又显得不够正式，这让她们的节食毫无用武之地。但是到了20世纪60年代，人们又急切地想要将身体从捆绑式的服装中解放出来，A字裙从此一炮走红。在崔姬和杰奎琳·奥纳西斯[8]也成为其追捧者之后，A字裙获得了时尚界的全面肯定和赞誉，并由此奠定了它在时尚领域中的标杆地位。

真正的时尚中人都是驾驭服饰的高手。
她们永远不会让自己沦为服饰的奴仆。

——玛丽·匡特

2.

豹纹服饰

Animal Print

真正的时尚永远在追逐激情，而晦暗、乏味则与时尚无关。时尚愿意跟随猎豹和斑马的脚步，时时急速狂奔。在纽约、迈阿密、芝加哥、洛杉矶这些繁华的都市中，我们的生活充满了越来越多的丛林气息——而这些原本只在非洲热带草原或者南美洲热带雨林才能感受得到。于是，我们有时狂野恣肆，有时又充满幼兽一般的天真。所以，我们的确需要一些来自丛林的元素来表达自己。

豹纹的配饰让我们的身体散发出几丝狂野的气息，它会给你原本平淡无奇的外套增添几分神秘和不安分感，让人们注意到：你可不是个可以轻易对付的小傻妞。一条豹纹裙则会向周围的人散发明确的信息：别拿我当花瓶，小心了，你今天遇上了狠角色！在穿带有豹纹的服饰时，你需要找到一种微妙的平衡，向人们传达你希望展示的个性，否则你要么看上去故作高雅，要么就显得廉价而俗气。

豹纹服饰穿搭要领
欢迎来到热带雨林！

想把豹纹的魅力穿出来吗？请记住以下几点：

- 买一件高端品牌的豹纹单品 [可以考虑 D&G（杜嘉班纳）或者 YSL（圣罗兰）]，这是降低豹纹俗气感的最好方法。在有些衣服上你可以省钱，但是豹纹绝对不属于这一类。
- 身上永远只穿一件带有豹纹的单品。多一件，你就会成为被人讥笑的“潮流牺牲品”。
- 在穿着豹纹单品时，其他的服饰或配饰应尽量简洁，哪怕古板一点儿也不为过。用中性色（黑色、白色、驼色、卡其色等）与豹纹搭配。只有在其他配饰保持低调时，豹纹的魅力才能展现得淋漓尽致。
- 购买豹纹单品时切记：一件完美的豹纹单品，底色一定是柔和的（不是艳粉、亮蓝或者明黄色）。在这种时候，底色越柔和，豹纹的功效就越突出。但是，完全没有任何底色也达不到效果。

为什么总是黑色？没完没了的黑色？
时尚应该是充满乐趣与想象力的！把女人们放在聚光灯下，给她们制造点惊险和刺激，这样才叫时尚，懂吗？

——罗伯托·卡瓦利[9]

3.

及踝短靴

Ankle Bootie

在及踝短靴出现之初，它完全被罩在长裤的裤腿下。你要拿它来配裙子？疯了吧？但是当这些靴子到了克里斯提·鲁布托[10]和缪西娅·普拉达[11]的手里，情况便开始大为不同。时尚就是这么奇妙。我记得在20世纪80年代，这些设计师开始用及踝短靴搭配短裙和长礼服，这种穿搭方式迅速引发人们的狂热追捧。每个人都在后悔：为什么这么多年以来，我们都把短靴的光芒藏在了长裤的裤腿下？于是，人们开始尝试用各种服饰来搭配小短靴——除了阔腿长裤——比如连衣裙、黑色裤袜，或者，如果你足够大胆（并且身材足够傲人的话），用超短热裤来搭配也不错！如今，谁能想象那段短靴的光芒被裤腿遮盖的日子？似乎短靴生来就注定是要和短裙或者紧身牛仔裤搭配的——它会让我们看起来有一点儿朋克和摇滚的英姿飒爽的味道！

有一天，这些短靴会令你臣服。

——南希·西纳特拉[12]

及踝短靴穿搭要领
短靴的呼声

- 用同色的丝袜搭配及踝短靴。比如，在穿黑色的短靴时，搭配黑色丝袜，这样会拉长你的腿部线条，让你的身材看上去更加纤瘦。
- 当用超短裙搭配及踝短靴时，记得穿上黑色裤袜，它会让你的腿部线条看起来更纤细紧致。除非你有一双线条完美的长腿，否则还是用你的小精明制造点幻觉吧，幻觉才是最好的整容术！
- 挑选及踝短靴时，要注意别挑选那些高度正好卡在脚踝处的，它们和那些只适合被阔腿长裤罩住的鞋没什么区别。而且，这种高度的靴子会让你的腿部线条显得生硬，你那双可怜的腿会看起来又短又粗。
- 及踝短靴是帆布鞋最好的替代品。当你觉得用帆布鞋搭配某身装束太普通的时候，换一双短靴吧！
- 及踝短靴极好地将粗犷和柔美的感觉融于一身。所以，当你把这种看上去带点中性色彩的短靴穿上时，别忘了展示它柔美的一面。只有轻松驾驭两种感觉，你才会释放出这款单品最大的魅力。

4.

飞行眼镜

Aviators

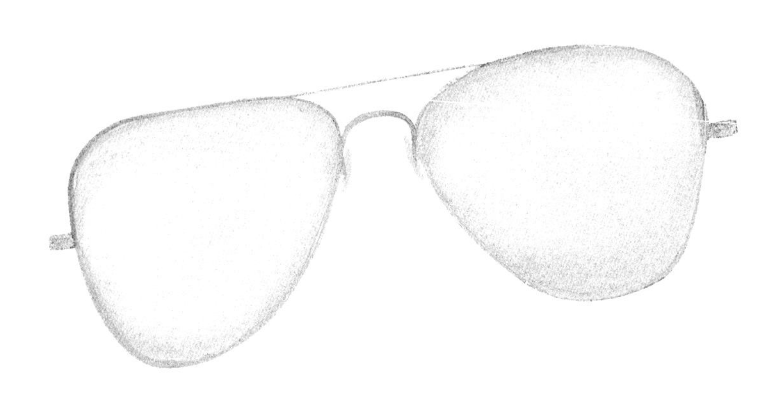

想象一下凯特·哈德森在电影《几近成名》中的形象，还有《壮志凌云》中的汤姆·克鲁斯、《搏击俱乐部》中的布拉德·皮特和《飞行家》中莱昂纳多·迪卡普里奥所扮演的形象。无论是20世纪70年代狂热的追星族[13]，还是80年代的战斗机飞行员[14]，或是90年代疯狂的泰勒·德登[15]，更不用说来自20世纪30年代的飞行大佬霍华德·休斯[16]，他们戴上飞行眼镜的形象简直堪称完美。只要在鼻梁上架一副飞行眼镜，便可以瞬间为你增添几分酷劲儿，所以，这款单品能够经久不衰，红遍全球。用你衣橱里磨得最旧的那件牛仔夹克，或者剪裁最考究的YSL新外套与它搭配吧，下一秒你就站在了潮流的最顶端。

飞行眼镜穿搭要领
飞行学校开学了！

- 最著名的飞行眼镜品牌是 Ray-Ban（雷朋），但几乎每个时尚品牌及其高中低档的各种系列都能制作出让人惊叹的飞行眼镜。当然，选择越靠近最经典的造型越好。在这一点上，迈克尔 · 科斯[17]和拉尔夫 · 劳伦就做得相当不错。
- 别挑选造型过于炫目的飞行眼镜，反光镜片和亮闪闪的镜框会彻底毁坏飞行眼镜的酷劲儿。飞行眼镜的镜框一定要是低调的材质和颜色，如亚金或银。
- 最好去找那些有年头的飞行眼镜。年头越久越有味道，也越能传递出经典的感觉。

fashion 101

Ray-Ban 的由来

1936 年，Ray-Ban 品牌奉美国政府的命令为美国空军制造太阳眼镜。飞行员们希望这款太阳镜既能起到很好的护眼功效，款式又不会过于呆板。于是，Ray-Ban 品牌制造出了世界上第一款飞行眼镜并一炮而红。如今，70 多年过去了，飞行眼镜的热度仍旧没有减弱。如今的明星们追捧的那些款式几乎和 1936 年的一模一样。

飞行眼镜的追捧者

麦当娜	史蒂夫・麦奎因[18]	安吉丽娜・朱莉
凯特・哈德森	吉姆・莫里森[19]	杰克・尼科尔森
马龙・白兰度	史蒂文・泰勒[20]	劳伦・赫顿[21]

伙计们，你们看见附近有架飞机吗？

——电影《壮志凌云》的台词

B

5.

芭蕾平底鞋

Ballet Flat

芭蕾平底鞋虽然不像高跟鞋那样拥有瞬间提升气质的魔力，但它依然当之无愧地被列入潮人必备品之选。它设计简洁，却能传递出非凡的优雅气质。它是极少数能受到时尚界长期喜爱和追捧的平底鞋款。最重要的是，它穿起来实在是太舒服了！从性感尤物碧姬·芭铎到银幕形象纯洁无瑕的奥黛丽·赫本，以及那些气质在两者之间的一众好莱坞女星们，芭蕾平底鞋从来就不缺追捧者。当人们无法穿高跟鞋时，它是第一个被想到的鞋款。但是在遇到较为隆重的场合时，还是请你把芭蕾平底鞋塞进手袋。因为每个时尚女郎都清楚，当夜幕降临时，就是高跟鞋大展风采的时候了。至于芭蕾平底鞋，自有它们发挥作用的时候。

对于时尚而言，唯一的罪过就是平淡无奇。

——马莎·格雷厄姆[22]

芭蕾平底鞋穿搭要领
站好了，女士们！

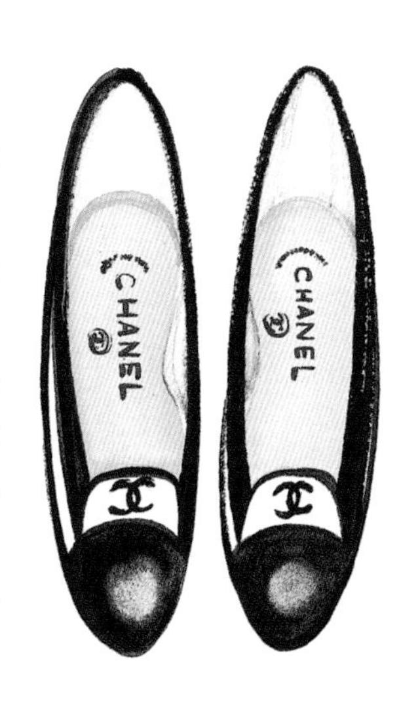

- Repetto[23]（雷佩托）品牌的芭蕾平底鞋是最能传递法式风情的鞋中圣品，当然，其他品牌也有出色的芭蕾平底鞋款可供选择。高端品牌中我推荐 Chanel（香奈儿）（鞋头为黑色的款式）或者 Lanvin[24]（朗万）；低端的品牌我推荐 Gap（盖普）、J. Crew（J. 克鲁）等大众品牌，以及深受年轻女士欢迎的 Tory Burch[25]（托里 · 伯奇）和 H&M。
- 虽然备一双黑色的芭蕾平底鞋准没错，但不妨尝试一些更灵动的颜色，买一双亮色的、肉色的或者更大胆颜色的鞋也不错。

fashion 101

在成为知名演员和风靡全球的性感“小野猫”之前，碧姬 · 芭铎还只是一位训练有素的芭蕾舞者。那时的她已经是 Repetto 芭蕾平底鞋的忠实喜爱者。在法国著名导演罗杰 · 瓦迪姆拍摄于 1956 年的电影——《上帝创造女人》中，碧姬 · 芭铎穿着 Repetto 品牌创始人——罗丝 · 雷佩托女士为她量身设计的芭蕾平底鞋跳了一段曼波舞，而这个场景如今已经成为影坛的经典。当年雷佩托夫人在位于巴黎和平大街[26]刚创立不久的小店铺中为碧姬 · 芭铎制作了该款绯红色的芭蕾平底鞋，据说碧姬当时一眼就爱上了它。电影首映礼过后，碧姬 · 芭铎本人和这款鞋迅速蹿红。一年之后，当奥黛丽 · 赫本穿着她获赠的芭蕾平底鞋出现在电影《甜姐儿》的舞蹈场景中时，芭蕾平底鞋开始走下银幕，进入无数时尚女性的生活当中。如今，半个世纪已经过去，当初赫本和芭铎穿着的款式仍旧极为抢手。

6.

手镯

Bangles

年轻而深谙时尚的模特们选择色彩鲜亮、充满造型感的粗手镯来搭配她们的T恤和匡威板鞋；女明星们会选择戴上一大串纤细而精致的金色手镯，以增加她们在红地毯上的魅力；时尚潮人们则会精心挑选带有非洲和亚洲地域特色的款式独特的手镯，作为彰显个性的装扮。手镯是时尚女郎们钟爱的配饰之一。它可以贵得令人咋舌，也可以极为廉价；你可以在纽约著名的奢侈品商店Saks（萨克斯）买到它，也可以在街边的小摊小店里找到它；它可以平常得毫不打眼，也可以让佩戴它的人瞬间成为人群焦点；它可以颜色鲜亮、造型大胆，也可以慢慢散发经典魅力。无论你是何种风格，都可以找到适合自己的手镯。多尝试一些不同款式的手镯吧！用木质的混搭银质的，看看会产生什么奇妙的效果。你的手镯就像你富有个性的手机铃声一样，风格由你定。

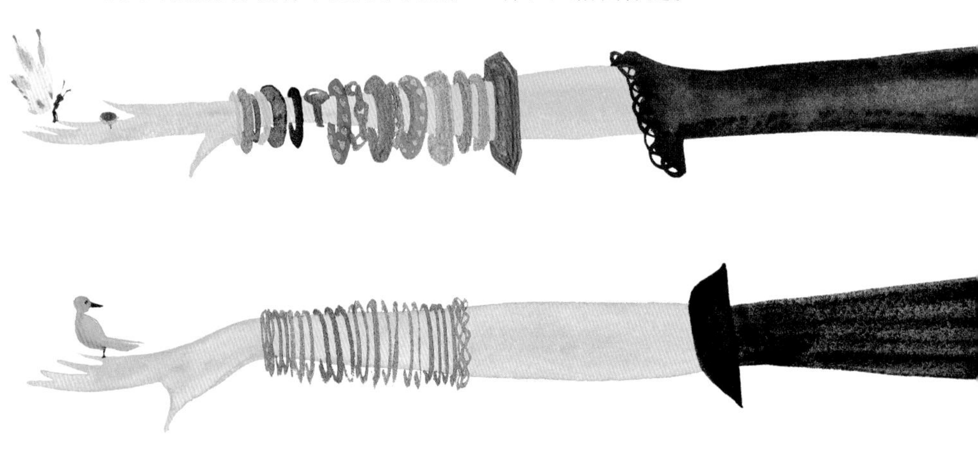

我最爱的手镯品牌

- 人造树胶古董手镯：这种如今已极为罕见的手镯原产于 20 世纪 20~30 年代，它用一种极具美感的材质——人造树胶制成，而今早已停产。如今只能去 Mark Davis[27]（马克 · 戴维斯）寻找仿制品或者钻进时尚古着店去找那些寥寥可数的原单货了。
- Hermès（爱马仕）的珐琅质手镯：这是一款最具时尚气质的手镯，有一系列不同的设计。无论是几件一起戴，还是与其他色彩及款式的手镯混搭都相当不错。
- Alexis Bittar[28]（亚历克西斯 · 比塔尔）：这个品牌的 Lucite（树脂）系列手镯制造出的半透明光晕美到极致。

手镯穿搭要领
腕间的糖果

- 风格大胆狂野的时尚女郎们可以像极负盛名的南希 · 丘纳德[29]一样，在手腕和肘部之间戴满大号的手镯（在谷歌中搜索“戴着手镯的南希 · 丘纳德”，我保证你不会失望）。
- 要想打造出光彩夺目的形象，我建议大家戴上一串 18K 金的细手镯，就像以设计复古优雅服装著称的著名时装品牌 Carolina Herrera（卡罗琳娜 · 海莱娜）的创始人一样——海莱娜女士本人每次会佩戴 10 只款式相同的细金手镯。建议大家至少同时佩戴 6 只，用镀金的手镯与真金的混搭也完全没有问题。你可以到古着店中去寻找适合你的款式。
- 如果你想要展示时尚趣味，去跳蚤市场或者带有印度风的商店找一些造型奇异的手镯吧！这些店铺总能满足你的个性需求。
- 如果你想要一点儿炫目的感觉，镶着碎钻的细手镯是最好的选择，它会让你的腕间成为众人目光汇聚的焦点。

fashion 101

人造树胶古董手镯

人造树胶是一种如今已经不复存在的材质。它是塑料的前身，抗损耗性极佳，除此以外，它极易仿造各种材质——如象牙、玳瑁和珊瑚等，并且极易被染成各种颜色。在20世纪20~50年代，它的用途极为广泛——从电话听筒到收音机、纽扣乃至时尚饰品，都可以用它来制造。人造树胶材质的配饰在20世纪20年代风行一时——大萧条之后，人们对材质考究、造价昂贵的奢侈饰品的需求下降，而使用人造树胶制作的廉价饰品的热度则不断攀升。时尚掌门人黛安娜·弗里兰[30]和埃尔莎·斯基亚帕雷利[31]对这种材质的饰品青睐有加，推动了该产品的流行进程。第二次世界大战开始之后，人造树胶的生产陷入停滞状态，因为原来的制造厂家成了军工制造企业。“二战”结束之后，塑料这种新型材质已经被开发并广泛投入使用，人造树胶的生产规模不断缩小，它的黄金时代逐渐走向终结。今天，以这种材质制作的配饰已经成了时尚收藏界的抢手货。

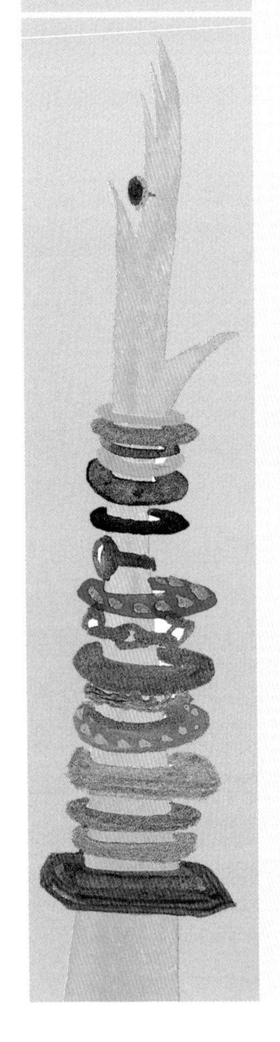

最受追捧的几款人造树胶颜色：

- “奶油糖果色”：一种混有金色的淡黄色，仅在20世纪30年代生产。
- “收工色”：几种反差极为强烈的色彩的混合色。这种颜色的产生一般是在工厂收工之时，工人将一天剩余的几种颜料混合在一起，由此混合出这种奇特的颜色。
- “星尘色”：透明中混合金色斑点的颜色。20世纪30年代之后停产。

正是那些最基本的、
不起眼却又无法忘怀的时尚元素，
让人们预想到你的到来，
并且在你的身后留下引人回想的痕迹。

——可可·香奈儿

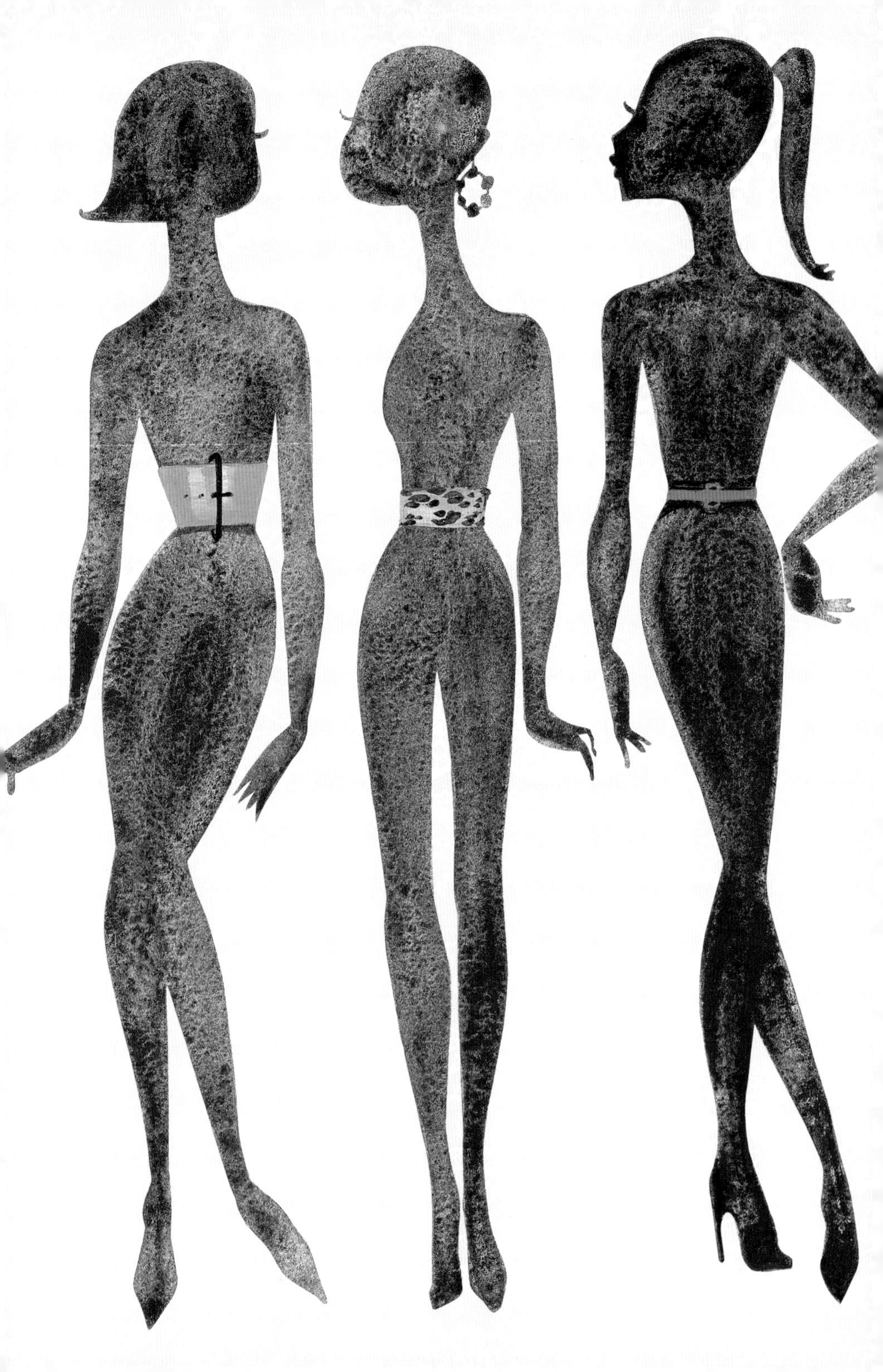

7.

腰带
Belts

在通常情况下，腰带的命运是被人们抛到脑后或被人轻视（鞋和手袋才是配饰中的王者，所有人的目光都在它们身上）。但是，一条好的腰带会让你的身材看上去更出众、线条更流畅，它会在瞬间让一件寡淡无味的衣服充满神采。在黑色连衣裙中间系一条粗的黑腰带，可以让你的腰围数字迅速减小，身材优势凸显；在长衬衫外面系上一条细腰带会让你的腰线上移，臀部曲线突出；细腰带搭配低腰裤会为你增添几分优雅。然而，腰带的功能并不仅限于美化身体线条，你应当把它当作一件极具时尚感的配饰。尽可能去寻找那些图案奇特、款式别致、材质特殊或者带有夸张皮带扣的腰带款式吧！尽情尝试那些专为紧身胸衣准备的、凸显臀部曲线的腰带，或是带有民族风情设计、红色鳄鱼皮材质或绿色蟒蛇皮的腰带，还有条纹设计的腰带。它们每一种都值得一试。在穿白色、黑色等素色连衣裙或者用牛仔裤搭配T恤时，这些腰带将发挥奇效。试试看吧，它会在上身的那一刻彻底改变你的形象。

我最爱的腰带品牌

- LAI[32]（国际奢侈饰品）：如果你需要一条细腰带，这会是我的重点推荐品牌。
- Lana Marks[33]（拉纳 · 马克斯）：这个品牌能提供给你最好的鳄鱼皮腰带。
- Streets Ahead[34]（一路前行）：金属镶嵌腰带的鼻祖。

- Linea Pelle[35]（利内亚 · 佩莱）：该品牌拥有最出众的意大利手工制作腰带。
- 有些季节并非“腰带季”，因此腰带在各大品牌发布会上不会太多见。但是几乎可以肯定的是，那些顶尖国际时尚品牌总会在每一季推出新品时制作出数款美得令人屏住呼吸的腰带——D&G、Gucci（古驰）、Lanvin、Ralph Lauren[36]（拉尔夫 · 劳伦）和Azzedine Alaia[37]（阿瑟丁 · 阿拉亚）等品牌无一例外。

腰带穿搭要领
束好腰带

- 在腰部最纤细的位置系一条粗腰带将会让你迅速获得沙漏形状、凹凸有致的身材，快试试看吧！
- 如果腰带较宽或者造型较为大胆，上面的装饰设计一定要尽量简洁，让腰带本身成为视觉的焦点。
- 细腰带最适合与低腰裤或者高腰裤搭配（中等腰线的裤子请谨慎尝试）。
- 购买腰带是获得某品牌单品最划算的方式之一。一般来说，许多时尚品牌都会随每一季的服装新品设计出数款与之搭配的腰带，且上面都带有该品牌的醒目标志。选一条适合自己的品牌腰带，这样你就不必再当“时尚冤大头”、买一整套该品牌的服饰来跟别人炫耀了！

不好好利用腰部曲线真是巨大的浪费。

——无名氏

8.

比基尼

Bikini

穿着比基尼唯一的秘诀就是自信。把比基尼的魅力发挥到极致的美人们并非个个拥有完美的身材，但她们一定都拥有充分的自信。她们非常清楚，当穿着比基尼徜徉在泳池边或者海滩时，那些满脑子只担心自己身材缺陷的人再怎么精心打扮也只会暗淡无光。

尽管如此，在商场选购比基尼时，千万别被那里的镜子和灯光骗了！记得带上你的闺蜜，以便你们互相提点。她们能为你细心鉴别出，哪些比基尼才能让你在沙滩上手拿美黑霜和饮料时光彩夺目。

比基尼穿搭要领
变身泳装女神

- 在选择时永远以几大经典色为基础——黑色、藏青色、灰色、巧克力色以及白色。那些让人咋舌的大胆颜色和款式还是留给 15 岁的小姑娘们去尝试吧！
- 选择比自己平日衣服稍小的尺寸。千万别选大一号的，尤其是底裤。太大的底裤会放大臀部的视觉效果，甚至让你的臀部看上去松弛下垂。将胸罩和底裤混搭起来穿，别让任何规则束缚住你的创意。穿比基尼应该是我们最轻松享受的事情，把规则都抛到脑后去吧！

我最爱的比基尼款式

不少设计师很懂得如何制作让人爱不释手的泳衣。制作泳衣最见功力的地方在于所用材质莱卡的质量（是否足够厚实，耐久性如何）、色彩饱和度以及剪裁的合身度，挑选比基尼的时候需要特别注意这三点。以下是我最爱的比基尼品牌：

- Onda de Mar[38]（翁达 · 德马尔）
- Rosa Cha[39]（罗萨 · 查）
- Eres[40]（埃雷斯）
- Ralph Lauren
- Thomas Maier[41]（托马斯 · 迈尔）

fashion 101

比基尼的由来

比基尼一词源自 20 世纪 40 年代在太平洋比基尼岛上进行的核爆实验。它的发明者——两位法国人雅克 · 海姆和路易斯 · 里尔德将该设计命名为“比基尼”，因为他们认为这种泳装的影响力不亚于在比基尼岛上的一次核爆。真是两个聪明的家伙！比基尼果然没有辜负他们的期望。

比基尼历史上的精彩瞬间

- 1956 年：在电影《上帝创造女人》中，碧姬·芭铎一身泳装在海滩嬉戏。这一经典瞬间在全球范围内受到关注，比基尼也由此大热。
- 1960 年：美国歌手布莱恩·海兰的单曲——《黄色圆点花纹的小小比基尼》首发，比基尼销售量随之飙升。
- 1962 年：电影史上第一位"邦女郎"——乌尔苏拉·安德烈斯在"007 系列"影片《诺博士》中身着白色系带比基尼出镜，这一幕点燃了全球新一轮比基尼热潮。
- 1964 年：无上装比基尼在欧洲出现，虽然遭到罗马教廷抗议，但却引发了抢购狂潮，美国时尚女性纷纷联系旅行社为她们代购。
- 1982 年：在电影《开放的美国学府》中，女主角菲比·凯茨身着鲜红色比基尼从水中钻出的镜头令无数躁动的少男们念念不忘。
- 1983 年：卡丽·费希尔在影片《星球大战：绝地归来》中身着金色比基尼出场的镜头再次成为让无数影迷一再回味的经典。
- 2002 年：哈莉·贝瑞在"007 系列"影片《择日而亡》中一身橘色比基尼的亮相成为比基尼史上让人津津乐道的又一亮点。

9.

黑莓手机

BlackBerry

黑莓手机也被称作可卡因莓手机——以此来夸张地形容其卓越的性能令用户欲罢不能。黑莓手机是时尚女性的必备武器：她们可以一边在逛街时搜索效率最高的购物路线，一边在eBay上轻松拍卖货品，也可以在逃班逛街的时候不漏掉任何邮件，还可以在等待与人共进午餐，或者在登机之前甚至是等着商店开门营业的时间里翻看佩雷斯·希尔顿[42]的博客或者《时装周日报》解闷儿。

黑莓手机逸闻：

“黑莓”一词在全球的流行程度令它在2006年被《韦氏新世界大学词典》收入，并被评选为当年的“年度词语”。

我最爱用黑莓手机浏览的网站

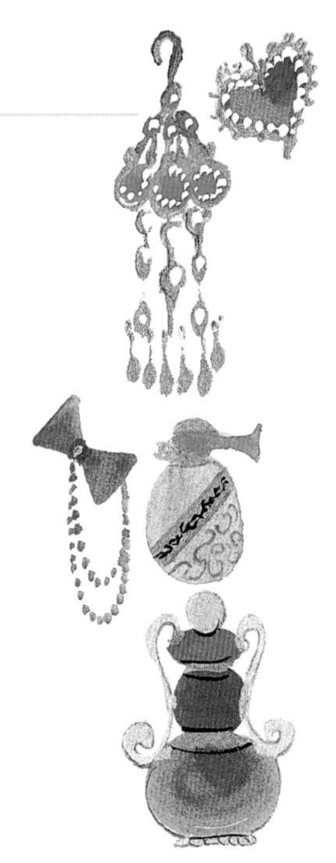

用于获取最新娱乐信息：

- pinkisthenewblog.com（美国当红明星八卦博客）
- perezhilton.com(佩雷斯·希尔顿的个人博客)
- jossip.com（美国著名明星八卦网站）

用于获取最新时尚信息：

- fashionweekdaily.com（著名时尚网站，专门关注全球各大时装周期间的新闻、娱乐及八卦消息）
- style.com（顶尖时尚杂志《时尚》官网）
- fashionista.com（著名时尚点评网站）
- fabsugar.com（著名时尚博客，对女性服饰搭配、购物、饮食健康等时尚女性关注的领域提供全面信息）
- bagsnob.com（时下最流行的时尚包袋博客，由两位爱包如痴的家庭主妇创建）

用于购物（或者奢侈消费一把）：

- bluefly.com （著名时尚精品购物网站）
- net–a–porter.com（著名奢侈品购物网站）
- couturelab.com（著名时尚精品购物网站）

唉！人类已沦为他们自己所制造的工具的奴仆了。

——亨利·戴维·梭罗[43]

10.

黑色连裤袜

Black Opaque Tights

在20世纪60年代，你会注意到以伊迪·塞奇威克为代表的女孩们身着短裙或超短裙走在街头时，黑色裤袜是她们的必备单品。伊迪就是该款式最具代表性的追捧者——她热衷于用黑色裤袜来搭配各种服饰：宽松的直筒连衣裙、超长款T恤以及她标志性的紧身衣。她让全世界看到这种套在腿部的小物件的超凡魅力——它居然形成了一个巨大的产业。同时期的时尚女郎们都深谙用黑色裤袜扮靓的技巧，她们在黑色裤袜上套上短得不能再短的裙子，令自己看上去充满时尚感，还不显得轻佻。黑色裤袜在20世纪60年代之后能够继续占据潮流前端，不仅仅是因为它使着装显得完整，更重要的是它能奇迹般地修饰腿部，让双腿看起来更细长，而且线条更为流畅。

黑色连裤袜逸闻：

但尼尔是衡量丝袜和裤袜密度的单位，它的数值越高，丝袜和裤袜的密度越高，就越厚越不透光。但尼尔的最低值是5，最高值是80。

裤袜穿着小技巧：试试棱纹的黑色裤袜，它拉长腿部线条的效果相当惊人！

黑色裤袜穿搭要领

- 穿黑色裤袜时最好脚蹬一双黑色小羊皮靴子或者黑色高跟鞋，这样会让你的腿部线条看起来纤长流畅。
- 用黑色裤袜制造强烈的视觉冲击。如果用纯白的连衣裙搭配黑色裤袜，整个人马上就会显得俏皮而时尚。
- 如果你穿着一条比超短裙还要短的裙子，黑色裤袜就是你的救星。它会让一切看起来十分自然而且充满时尚感。
- 千万别在裤袜上省钱。谁都不想看见廉价的黑色裤袜下露出的皮肤，更不想看见腿上一块黑一块白，甚至还有各种斑点——你的形象将毁于一旦！
- 你总会在街上看见有些女孩把黑色裤袜当裤子穿。这一点她们绝对弄错了，黑色裤袜千万不能这么穿！

当之无愧的衣橱焦点
我最爱的 Wolford 牌裤袜

我之所以每次会花 50~80 美元买一双 Wolford[44]（沃尔福德）牌黑色裤袜，是因为它具有超越其他品牌的高质量——它在密度和光滑度的结合上几近完美：它的密度足够高，因此能极好地遮盖每一寸肌肤；它在穿着中始终平滑如新，不会有任何毛球或斑点出现；它色泽均匀，无任何反光现象，而这几点都是选择黑色裤袜时最应该注意的。Wolford 以独特的工艺将莱卡织入织物纤维中，有效提高了裤袜的密度和穿着舒适度，穿着寿命也因此延长。这一切保证了它物有所值。

Fogal（福加尔）是另一个不容错过的裤袜品牌。传言它曾是杰奎琳·奥纳西斯的心头大爱，如今这个品牌仍然是一众时尚达人的推荐之选。

我最爱的裤袜品牌

- Wolford 超柔丝绒连裤袜（66 但尼尔）：该款式拥有绝佳的密度及光滑度，并且透光度接近最低。
- Wolford 亚光秋冬紧身裤袜（80 但尼尔）：芭蕾舞者的首选。透光度为零。

11.

小西服

Blazer

小西服，一种女人们公然从男士的衣橱中偷出来穿着，并且比男士们更能穿出韵味的服装款式。时尚女郎们用线条平滑的白色裤装或者黑色半身裙搭配小西服，也可以搭配穿上黑色紧身牛仔裤或卡其裤（在谷歌中输入“Balenciaga 2007秋冬发布会”，你会看到绝佳的示范）。女士们在穿着小西服的时候也不再搭配随意的帆布鞋，而是脚蹬高跟鞋来体现整体搭配的魅力。实际上，紧身小西服可以让你展现出男士般的飒爽英姿，又糅合了女性的柔媚雅致；它既不会正式得古板乏味，也不会让人有过于随意散漫之感；它洋溢着青春的气息，但又使你显得品位十足；穿上它，你便立刻将简洁干练与性感魅惑集于一身。你甚至无法为它归类，而这正是它最大的魅力之所在。如果你想用小西服打造出充满潮流感，甚至充满戏剧效果的形象，尝试去购买那些比你的身材大1~2号的款式吧！请在谷歌中查询Ann Demeulemeester（安・迪穆拉米斯特）品牌的设计——比利时著名设计师安・迪穆拉米斯特创立的同名设计品牌，以对于黑白两色的专注、利落冷峻的剪裁风格及不规则理论闻名于世，甚至是那些皱皱的“缩水版”设计[你可以在Brooks Brothers[45]（布鲁克斯兄弟，美国著名男装品牌，有“最能代表美国的男装品牌”之称）买到它们]也受到人们的关注。

小西服穿搭要领
完全贴合身材，如量身定做一般

挑选小西服最大的技巧在于，保证它的每一处剪裁都与你的身材完全贴合。合身是穿着小西服的最关键技巧。

- 纽扣：小西服上的纽扣和扣眼都不应当是摆设，能扣上纽扣是一件上好小西服的基本要求之一。
- 袖子：传统小西服的袖子一般会到手掌根部，但是如果你想打造更有个性的造型，可以选择比它长 3 厘米的长度，或者七分袖。
- 肩部设计：一套好的小西服，肩部的剪裁应当流畅利落，一般而言，肩部尺寸要比实际尺寸更宽一些。
- 正面：你需要确保在穿上小西服，且扣上扣子之后，呈现出来的整体线条是平滑的。即使你在穿的时候从不扣扣子，也要在购买的时候扣上，看看是否因为某些部位的凸起影响了整体的合身感。（实际上，你不仅需要在购买的时候检查这一点，在穿上小西服之后的每一刻你都要留意。）
- 长度：这完全看你的个人喜好。经典的小西服款式都是刚好盖到臀部，当然，你也可以根据自己的风格选择更长或更短的款式。
- 整体效果：在检查完所有的细节之后，你还需要进行整体效果的检查。向上伸展双臂，再向前、向左、向右，然后将双手背到身后，从各个角度检查是否有不合身的凸起或者拉扯的感觉。

12.

男友的羊毛开衫

Boyfriend Cardigan

如果你在男友的衣橱里见到一件羊毛开衫，别犹豫，直接拿过来穿上身就对了，至少问他借来穿一段时间。同样，爷爷的、爸爸的、哥哥的、弟弟的或者男性密友的也可以这样做。在某一季的T台上，马克·雅各布斯让模特们穿着大得在身上直晃荡的男式羊毛开衫，来搭配超短裙和军靴，这个造型迅速成为了当季的时尚焦点。但是，用男友的羊毛开衫装扮自己并不是从那时才开始的——这股风潮开始得很早，而且，仍将继续。这也许是因为，你敢于从男友衣橱中偷出来穿在身上的单品本来就拥有非凡的时尚气质吧！

fashion 101

“羊毛开衫”的由来

“羊毛开衫”的历史要追溯到1854年。那一年，正参加克里米亚战争的英国军官——卡迪根伯爵七世感觉天气极为寒冷，他希望能在制服里面加穿一件较为舒适的御寒服。于是，羊毛开衫应运而生，同时也为后世我们这些追逐个性的女性贡献了又一件扮靓佳品。

羊毛开衫穿搭要领
专属于你和我的亲密

- 最佳的羊毛开衫是有4粒扣子，前面有两只口袋的款式。
- 去 Neiman Marcus[45]（内曼·马库斯）、Berdorf Goodman[46]（波道夫·古德曼）、Gap、Target[47]（塔吉特百货公司）以及 H&M 的男装区吧！在那里你们可以找到大量中意的男款羊毛开衫。
- 在羊毛开衫里面搭配一件质地上乘的圆领背心或者T恤，再扎上腰带，看起来棒极了！
- 大胆进行各种尝试吧！试试用柔媚感十足的连衣裙和短靴来搭配羊毛开衫。
- 在春秋季，羊毛开衫完全可以用来当外套穿，为你的衣着增添几分休闲感和低调魅惑。

着装是一种生活方式。

——伊夫·圣洛朗

13.

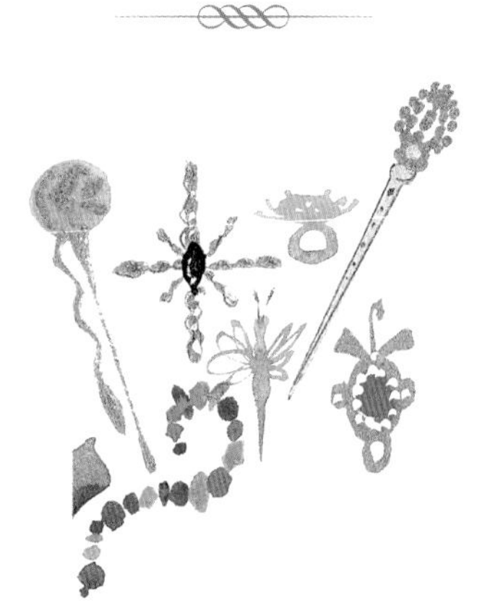

有人认为，胸针只跟奶奶辈或者姑姑婶婶辈有关系，如今早已成为过时过气的饰品。还有人认为，胸针是一种只能规规矩矩趴在衣服的颈线之下胸线之上这个固定位置的乏味配饰。但是，玩转时尚的潮人们有深刻的体会，胸针的作用远远超出了你的想象，它是你展示创意才能的绝好装备。搜寻一些尺寸较大、设计大胆有趣，甚至是你之前从未见过的胸针款式，然后把它们别在头发上、帽子上、服饰上或者其他令人想不到的位置吧。让我们看看精通此道的明星们是如何将胸针的妙用发挥得淋漓尽致的：1998年，莎朗·斯通套上了老公宽松的白衬衫，然后用一枚蜻蜓形状的胸针将大出的部分别到腰后，这套装扮为她在红地毯上赚足风头；2000年奥斯卡颁奖礼上的查理兹·塞隆，她天才般地在琥珀色Vera Wang（王薇薇）礼服的两根肩带上各别上一枚款式相同的胸针；两年后，塞隆在她精巧雅致的盘发上别上了两枚花朵形状的钻石胸针。在谷歌搜索搜寻这些图片，然后钻进那些古着店或者到奶奶的首饰盒里去找找看，总有些胸针是可以为你所用的。

具有纪念意义的“胸针时刻”

- 1975年，在电影《灰色花园》中，伊迪丝·布维尔·比尔在自己的每套行头中都加入了一枚约10厘米大小的胸针，此举使她这位著名的杰奎琳·奥纳西斯的亲戚声名再起，重获时尚偶像地位，无怪乎还有专门为她在这部电影中的胸针造型而开设的网站：www.thegreygardensbrooch.com。
- 1994年，时任美国驻联合国代表的玛德琳·奥尔布赖特[50]在会见伊拉克外长时佩戴了一枚蛇形胸针——该外长曾经将她比作毒蛇。
- 1998年，前阿根廷第一夫人伊娃·庇隆（人们更喜欢称她为“艾薇塔”）生前最爱的饰品——一枚镶嵌钻石和蓝宝石的阿根廷国旗状胸针以99.25万美元的价格被拍卖，买主是一位不知名的美国人士[48]。

> 如果你想知道我现在的心情如何，
> 就看我戴的胸针吧！
>
> ——美国前国务卿玛德琳·奥尔布赖特

14.
绞花针织毛衣
Cable-Knit Sweater

绞花针织毛衣也被称作“渔夫毛衣”，它发源于爱尔兰，却在其后迅速成为新英格兰地区具有代表性的服饰之一（请想象一下电影《爱情故事》里的阿里·麦格劳的穿着）。绞花针织毛衣通常用于打造学院派的纯真形象（比如Ralph Lauren系列），但有时候它也是打造T台炫目形象的理想单品之一。想想迈克尔·科斯和Chloé[50]（珂洛艾伊）在这方面作出的贡献。对于每位时尚女性来说，一定都有一款最适合自己着装风格的绞花针织毛衣。找到属于你的那一款，然后好好用它来为你的装扮加分。无论你最终选择哪一款，绞花针织毛衣都可以传递出休闲随意，同时极具风格的时尚感。一方面，它会为你设计出懒散随性的可爱形象（“啊，我随便套了件衣服就出来了……”），但同时又让你透出胜人一筹的时尚感（“但是我当然知道自己在干什么”）。

当然，身为时尚人士，这正是我们时时刻刻都想要打造出的感觉。

我总是穿着我的毛衣，它是如此令我喜爱。

——黛安娜·弗里兰

用不同款式的绞花针织毛衣打造不同的时尚造型

- 打造周末度假感：挑选一件大一号的燕麦色绞花针织毛衣，下身配紧身牛仔裤，再将裤腿塞入马靴中。
- 打造高端精致感：挑选一件刚好合身的乳白色绞花针织毛衣，下身搭配白色西裤，外罩一件驼色大衣，便可展现出精致感。
- 打造前卫摩登感：挑选一件与羊绒连衣裙款式相似的粗针毛衣，再系上腰带，蹬上靴子。
- 打造学院派经典形象：挑选最经典的绞花针织毛衣款式，搭配斜纹棉布裤和鹿皮靴。

绞花针织毛衣穿搭要领
好好运用你的“电缆箱”绞花格纹

- 旅行时最好带一件纯白色绞花针织毛衣，它几乎可以和你的行李箱中其他任何一件衣服构成不错的搭配。
- 穿绞花针织毛衣时，下身要用紧身牛仔裤或者铅笔裤等窄腿裤来搭配，以平衡上身的视觉膨胀感。绝对不要上下同时穿着绞花针织面料的衣服，这会让你整个人看起来肿胀了几分。始终记住，平衡是关键。
- 绞花针织毛衣也很适合在男装部挑选（和前面介绍的羊毛开衫一样），但是这一次你需要注意尺寸是否合身的问题（因为，毕竟男生的体型和我们还是很不同的）。
- Chloé 品牌所设计的绞花针织毛衣单品十分值得购入，甚至收藏。记住，在穿上这些绞花针织毛衣时，请保持身上的其他元素尽量简洁——发型、妆容以及配饰，这样才会让你全身上下传递出一种整洁利落的精致，而不是真的随便抓起一件衣服就套在身上的邋遢感。时尚的女人永远与邋遢绝缘。

15.

卡夫坦长衫

Caftan

卡夫坦长衫是打造闲适奢侈风格的经典单品。我所指的不是美剧《三人行》里面罗珀夫人的造型，也不是年迈的祖母们在迈阿密度假时懒洋洋披在身上的那些长衫款式。它是指20世纪60年代塔丽莎·格蒂在摩洛哥马拉喀什豪宅的露台上穿着的那些土耳其长衫，是布兰多利尼伯爵夫人（克里斯蒂安娜·布兰多利尼）在威尼斯穿的那些款式，是黛安娜·弗里兰在她位于曼哈顿那幢红宝石色豪宅中穿着的卡夫坦长衫。它如此低调地彰显着奢华，同时又毫不客气地展露出反时尚的气质，这使它在多年之后的今天，重新成为时尚界最受追捧的单品之一。

时下最佳的卡夫坦长衫设计出自这些品牌——Muriel Brandolini（穆里尔·布兰多利尼，正是由克里斯蒂安娜·布兰多利尼的儿媳创立）、Allegra Hicks[51]（阿莱格拉·希克斯）以及YSL旗下的“左岸”系列，你可以在高端百货商场中找到它们的产品。如果你想要一件如假包换的卡夫坦长衫，就去那些具有中东、印度或者土耳其民族风情的店面吧！在那里你也许会找到最经典的摩洛哥马拉喀什风格或是印度传统风格的卡夫坦长衫。无论你找到的是何种风格何种款式，用珍珠项链和平底鞋来与之搭配，便能打造出奢华的时尚感；或者你也可以在比基尼的外面罩上卡夫坦长衫，再踏一双人字拖；或者穿一双具有金属质感的凉鞋，腕上戴上一串富有异国情调的手镯，也是不错的选择。充分打开你的想象来尝试各种风格的混搭吧！找一些20世纪60~70年代的时尚图片，看看巴贝·佩利[52]、马雷拉·阿涅利[53]是怎样穿着卡夫坦长衫的，她们的穿着方式已经被公认为典范。

fashion 101

阳光下的奢侈

卡夫坦长衫的历史可以追溯到 14 世纪，那时，由于天气炎热，轻便而凉爽的卡夫坦长衫成为远东至中东地区人们的传统服饰。在 20 世纪 60~70 年代，当时尚界开始对神秘的东方风情感兴趣时，卡夫坦长衫渐渐走进了西方人的视野。伊夫·圣洛朗为马拉喀什风格的卡夫坦长衫深深着迷，他是第一位将传统的卡夫坦长衫引入高端时尚，并送上 T 台的时尚设计师。于是，在 70 年代，卡夫坦长衫得以成为打造波希米亚风情的必备单品。拥有私人喷气式飞机的奢华贵族和大学校园的学生们都开始尝试穿着卡夫坦长衫，而卡夫坦长衫也成为坐在豆袋椅[54]上大谈特谈东方哲学时再恰当不过的服饰了。

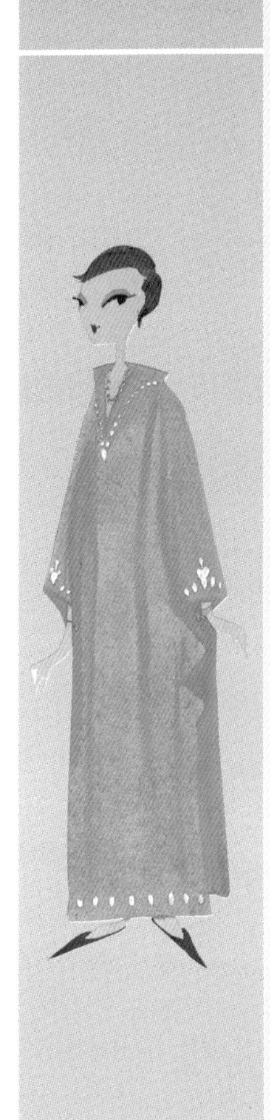

长衫的不同种类

- 卡夫坦长衫：土耳其式长衫，斗篷状，长袖或者无袖，通常十分宽大，以亚麻或丝质居多。
- 耶拉巴长袍：埃及和其他阿拉伯国家居民穿着的长袍，线条流畅，是中东地区男子的传统服饰。
- 束腰宽松上衣：源于希腊和意大利地区的一种简洁的套头上衣。通常长度及膝，有时也可以再短些（尤其是如今的束腰宽松上衣），在谷歌中输入 Tory Burch，看看这个品牌设计的束腰宽松上衣吧!

16.
驼色大衣
Camel Coat

如果颜色没错的话（金棕色中透出介于红色和淡褐色之间颜色的底色），驼色大衣是打造优雅奢华感觉的上佳单品。时尚女郎们会选择用驼色大衣搭配牛仔裤穿，为本来主打休闲风的牛仔增添了几分高雅；同时它也能为全身白或者全身黑的穿着风格添加优雅干练的都市风情。但是，驼色大衣不只是用来打造这些高雅造型的，我认为每位时尚女性都应该拥有一件驼色大衣，作为冬季时千篇一律的黑色大衣的替代品，还可以为她们打造出都市感十足的装扮。

驼色大衣穿搭要领
啊，奢华……

- 驼色是一种温暖厚重的颜色，通常和白色、黑色、棕褐色形成绝佳的搭配。
- Calvin Klein（卡尔文·克莱因）、Ralph Lauren 以及 Michael Kors 等品牌都有出色的驼色大衣设计。
- 所有的驼色大衣中，驼绒大衣是最值得收藏的单品。

---

fashion 101

驼绒的由来

驼绒是骆驼身上所有毛发中最珍贵的底绒，驼绒的收集者需要跟随着骆驼群，才能采集到这些自然生长及脱落的绒毛。目前世界上最珍贵的驼绒来自蒙古和波斯湾。通常，人们会在驼绒中加入羊毛以降低织物的价格，其中驼绒和羊毛以及其他材质的比例会在衣物的标牌上有详细说明；如果衣服是用纯驼绒织成，那么标牌上会有一个骆驼的标志。购买时，一定要仔细阅读标牌上的小字。

17.

斗篷

Cape

斗篷通常会让人们联想起那些举止怪异的人或者超级英雄，但实际上，斗篷可以用来打造优雅的装扮，它比你想象的要实用。斗篷是一种充满神秘感和力量感、极为大胆的服饰，难怪超人和吸血鬼都爱它。它将为你的着装增添戏剧感，同时也可以掩饰你身材的各种小缺陷；它和晚礼服搭配的效果更是常常令人惊艳。斗篷的材质可以是毛线针织、羊毛、天鹅绒、羊绒或者皮草。随着全球气候变暖，天气情况变得越来越难以预测，斗篷出场的机会也将越来越多。谢天谢地！想想看，一个没有斗篷的世界，将是多么枯燥乏味啊！

斗篷穿搭要领
用斗篷制造神秘

- 斗篷之下的穿着要尽量贴身，只有剪裁贴合紧致的衣服才能最好地衬托出斗篷的魅力。如果里面的衣服松垮下垂，那么你想要营造的大都会摩登派头就会消失殆尽。
- 在出席较为正式的场合时，可在晚礼服外面罩一件短款小斗篷。

勇敢地向前走吧，我的女儿。记住，在这个到处是“普通人”的世界里，我们是“神力女超人”。

——希波吕忒[55]

18.
羊绒衫
Cashmere Sweater

人们对于羊绒衫的渴望可以追溯到1937年——当拉纳·特纳在电影《永志不忘》中身着紧身羊绒衫出镜时，人们对羊绒衫的热爱拉开了序幕。

你可以拥有尽可能多件不同款式的羊绒衫——开襟的、高领的、圆领的、V领的以及披肩式样的。羊绒衫最大的特征在于它轻柔而光滑的质地，能打造出十足的奢华感。同时，以每盎司羊绒带来的保暖度来计算，羊绒是目前最暖和的天然材质，它能在提供舒适感的同时与身体保持极好的贴合度。

奢华必须建立在舒适的基础上，
没有舒适的奢华不叫奢华。

——可可·香奈儿

fashion 101

羊绒衫的由来

羊绒是指从高山羊身上采集的极细极软的绒毛。这些高山羊绝大部分生长于蒙古和中国。绒毛采集完成之后主要被送往苏格兰或者意大利纺成毛线，之后再被制成羊绒衫。

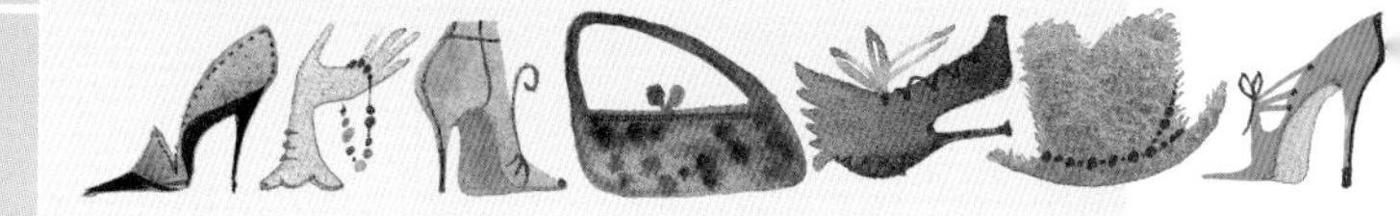

羊绒衫穿搭要领

- 在选购羊绒衫时预算要适当放宽。当然，你可以找到各种价位的羊绒衫，但是如果你想挑选一件质量上乘、穿着时间较长的羊绒衫，预算最好不要低于 200 美元。
- 购买供夏季穿着的羊绒单品时，注意购买那些在羊绒中加入了真丝的款式。
- 羊绒线的股数越高，羊绒衫就越暖和（价格也会越昂贵）。如果你生活在佛蒙特州，可购买股数较高的羊绒衫，而居住在美国南部如佛罗里达州的人则应当购买股数较低的。

19.

吊坠手链

Charm Bracelet

当你亲手为手链上加上一个又一个精心挑选的吊坠时，这根手链就可能成为你的首饰盒中最珍贵的饰品了。许多品牌和设计师都推出了已经串好吊坠的成品手链，但是最具价值的手链当然还得出自你别出心裁的个性搭配。随着时间的流逝，你可以在手链上加上新的吊坠，它们可能都具有特殊的意义，包含着对某段特殊回忆或者是某个重要时刻的纪念。它们就像一本本日记，只不过它们是被戴在手腕上，或者放在首饰盒里，静静地等待被赠给某个有缘的人。这些手链最大的价值在于，等到你头发花白时，看到它们，脑中就会浮现那些曾经美好的、值得纪念的一切。你可以把每一个吊坠中蕴含的故事一一讲给儿孙们听，与他们共同分享你人生中的美丽与哀愁。

吊坠手链穿搭要领

- 无论你现在处于人生的何种阶段，吊坠手链都是你可以随时开始亲手制作的一件富有意义的个性饰品，尤其在你人生中那些值得铭记的时刻——高中毕业、大学入校、新婚、生子时，不同的吊坠会为你珍藏这些美妙的时刻。
- 试着做几条不同风格的吊坠手链，为每一条选定一个主题；或者只是做一条，之后再在上面添加新的吊坠。
- 吊坠手链是极好的馈赠之选，你可以选一条已经制作好的手链，或者是一条已经选了几个吊坠，但是尚未完成的手链，等待着所赠之人和你一起完成它。
- 你可以去古着店挑选制作吊坠手链的材料，然后用各种新潮的或古雅的吊坠进行随意混搭。因为这是一款充满设计乐趣的饰品，千万不要把它弄得呆板无趣。

fashion 101

吊坠手链的由来

吊坠手链最早出现在古埃及时代。那时，古埃及人用它作为趋利辟邪的工具和身份地位的象征。而吊坠手链最重要的功能则在于，古埃及人希望神灵能够根据手链所代表的身份地位，为他们在另一个世界保留同等的地位和财富。换句话说，在古埃及人心中，吊坠手链就像一张通往来生的通行证，如果拥有了它，便拥有了可以预期的来生。

让我印象深刻的吊坠手链

- 玛琳・黛德丽[56]的手链：她拥有一串弗兰克・希纳特拉[57]赠送的手链，上面的吊坠是扑克牌的花色形状。她还有一串手链上的吊坠是宗教人物和各种代表好运的象征，她认为这串手链能保佑她在乘坐飞机时安然无恙。
- 伊丽莎白・泰勒[58]的手链：泰勒拥有不计其数的手链，每条手链的吊坠都是心形的。她认为那些心形吊坠代表了她对孩子们、挚友们以及丈夫们……无限的爱意。
- 沃尔特・迪士尼夫人的手链：迪士尼夫人拥有一串独一无二的手链——上面挂着22个奥斯卡金像奖杯的微型模型，代表她的丈夫在电影界所获得的非凡成就。

我最喜欢的吊坠手链品牌

- Doyle & Doyle（多伊尔和多伊尔）：这是位于纽约曼哈顿下东区的一家珠宝店，里面专卖可供随意挑选的各色古董吊坠，且价格相对低廉。
- C.H.A.R.M（魔力）：该品牌拥有大量设计灵感源自古董珠宝的吊坠，品种繁多，涵盖各种风格与主题。无论你属于何种风格，有怎样的设计诉求，该品牌均能满足。
- LV 吊坠手链：LV 在吊坠手链的设计中加入了出众的时尚元素。该品牌吊坠手链的设计主题是旅行，虽然售价不菲，但是，天啊！它们实在是太光彩夺目了！

我打心眼里觉得美国的绅士们最可爱。
当然，你无法否认，当那些欧洲绅士们轻轻
捧起你的手然后亲吻它时，你的感觉也很不错；
但是，没有什么比一串镶嵌了钻石和蓝宝石的
手链更能持久表达男人们的爱了。

——安妮塔·卢斯[59]

20.

手袋

Clutch

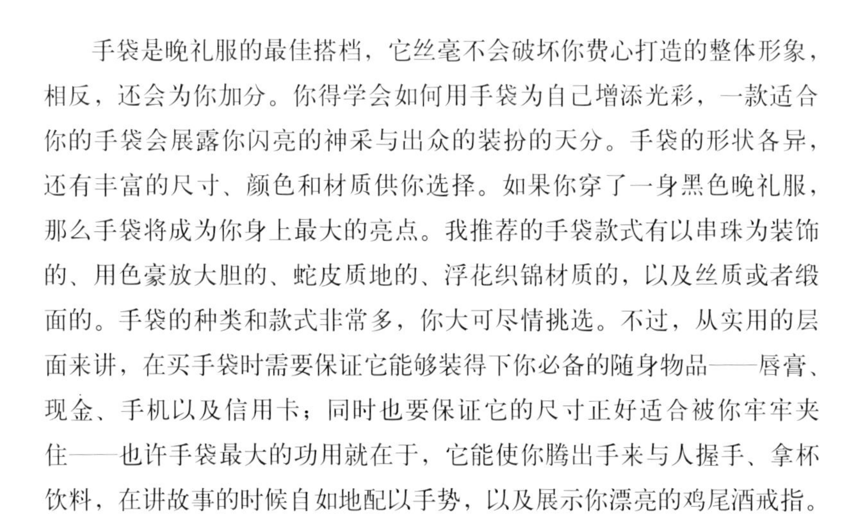

手袋是晚礼服的最佳搭档，它丝毫不会破坏你费心打造的整体形象，相反，还会为你加分。你得学会如何用手袋为自己增添光彩，一款适合你的手袋会展露你闪亮的神采与出众的装扮的天分。手袋的形状各异，还有丰富的尺寸、颜色和材质供你选择。如果你穿了一身黑色晚礼服，那么手袋将成为你身上最大的亮点。我推荐的手袋款式有以串珠为装饰的、用色豪放大胆的、蛇皮质地的、浮花织锦材质的，以及丝质或者缎面的。手袋的种类和款式非常多，你大可尽情挑选。不过，从实用的层面来讲，在买手袋时需要保证它能够装得下你必备的随身物品——唇膏、现金、手机以及信用卡；同时也要保证它的尺寸正好适合被你牢牢夹住——也许手袋最大的功用就在于，它能使你腾出手来与人握手、拿杯饮料，在讲故事的时候自如地配以手势，以及展示你漂亮的鸡尾酒戒指。

手袋穿搭要领
让手袋上场吧！

- 在购买手袋时，尝试那些平日里你不太敢挑选的材质：珠宝亮片材质、金属材质、木质、鲨革、粗面皮革，以及牛角材质。
- 手袋是一款很适合在旅行中购买的单品。在泰国，你会找到纹理十分漂亮的木质手袋；而菲律宾则多产用银线编织成的精美手袋……无论你到哪里旅行，都能找到极富当地特色并值得购买的手袋。
- 永远准备好一款金色以及一款银色手袋，带它们去参加任何主题的晚宴都错不了。
- 如果你不想在手袋上花费过多，可以去那些具有民族特色的饰品店、跳蚤市场或者古着店寻找适合你的款式。或者干脆向你的祖母求救，看看她的装备中是否有你能用得着的。
- 把手袋当作珠宝来对待。因为它们会为你们的装扮加分，并且充分展露你的个性。在这一点上，它们和珠宝并无二致。

fashion 101

手袋的由来

手袋的历史始于维多利亚时代，那时的淑女们会随身携带一只小巧的装饰性手袋，里面装着手帕和熏香盐。直到二战时期，手袋才真正进入主流大众的视野。由于战时物资的限量配给，所有物品的尺寸都得缩水，于是，大号皮包被迷你型手袋取代。二战结束之后，虽然限量配给已经成为历史，但是女士们已经深深为手袋着迷，于是手袋得以风靡全球，继而成为如今每一位时尚女性衣橱中的必备单品。

我最爱的手袋品牌

- 埃尔莎·佩雷蒂为 Tiffany（蒂凡尼）品牌设计的手袋：如果你看到一款佩雷蒂设计的银色手袋，赶紧恳求人家卖给你、借给你，或者干脆“偷”了来！因为这是我至今梦寐以求的一款手袋。
- 朱迪丝·莱贝尔[60]的动物形手袋：我并不是让你带着它去出席那些一般的场合，但是在有些场合下，如果你想展示自己别出心裁的创意和幽默感，那么这些动物形状的手袋将是你的最佳选择。
- 南希·冈萨雷斯[61]设计的系列手袋：该品牌每年生产多达几万只不同颜色的鳄鱼皮手袋。这些手袋十分值得收藏。
- Calvin Klein 手袋：该品牌手袋以极简的设计风格闻名，这种鲜明的风格还将在该品牌的手袋中延续下去。
- Bottega Veneta（宝缇嘉）绳结系列手袋：以编织皮革手袋著称于世的 Bottega Veneta 品牌旗下的高端限量系列手包，以皮革绳结形状的锁扣为该系列的整体特征。虽然售价不菲，但是每位时尚女郎都会为之疯狂。
- VBH[62]品牌的信封手袋：这是我的最爱。它设计简洁大气，充满优雅气质，有皮革质和各种稀有材质可供挑选。
- R & Y Augousti[63]（R & Y·奥古斯蒂）：该品牌以设计各类动物粗面皮革手袋为特色。

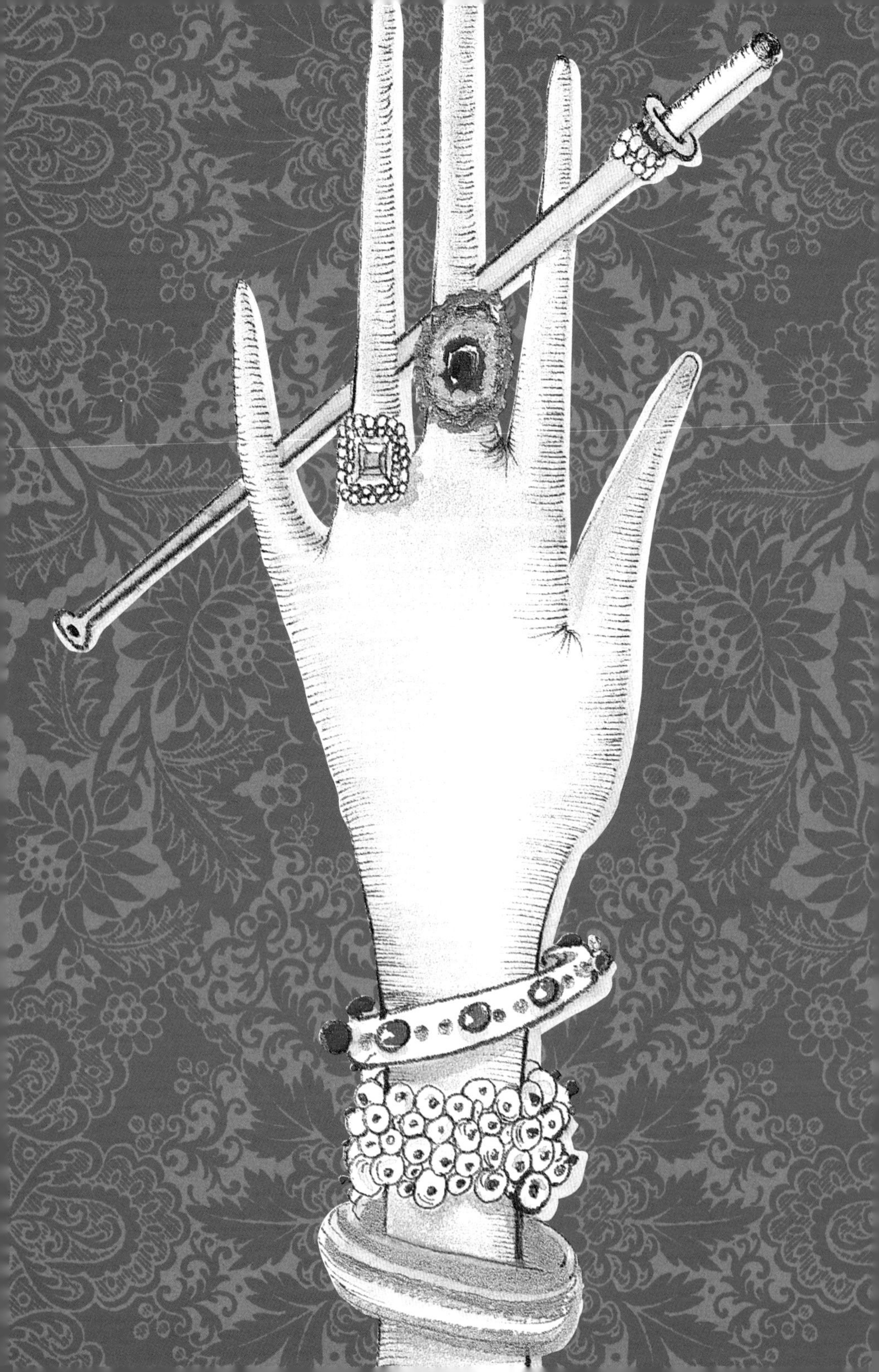

21.

鸡尾酒戒指

Cocktail Ring

一枚硕大的鸡尾酒戒指是展示时尚品位的最佳配饰——在酒会上讲故事时，用佩戴鸡尾酒戒指的手做几个手势；在走红地毯时大方亮出指上的光芒；在你想表现娇羞情态时垂下手指，有意无意地转动戒指，这些动作都将为你增添无限光彩。鸡尾酒戒指最关键之处在于其硕大的尺寸和风格鲜明的设计。一枚出众的鸡尾酒戒指完全不必是真品——实际上，用各种材料仿制的古董戒指更能以风格取胜。即便是那些最富有的女士们也承认，佩戴一枚富有个性的装饰性珠宝往往要比一枚硕大而昂贵的传世珠宝效果更佳。鸡尾酒戒指的魅力不在于价格，而在于它的炫目感，在于它大胆的设计，充满了冒险与刺激。

fashion 101

鸡尾酒戒指的由来

鸡尾酒戒指得名于禁酒令时期，那时候的女人们手指上佩戴造型夸张大胆的硕大戒指出入各种非法的鸡尾酒会。她们将戴着戒指的手随意摆动，吸引人们的视线。她们用闪着诡异光芒的鸡尾酒戒指向人们宣称：对，我就是在非法饮酒，但是我却能把非法玩成时尚。

我最爱的鸡尾酒戒指品牌

- 维克图瓦·卡斯特拉内[64]为Dior（迪奥）设计的鸡尾酒戒指：这位天才的珠宝设计师用她从未被束缚的想象力，为Dior品牌设计了多款色彩丰富、造型大胆甚至浮夸，同时又充满童真的鸡尾酒戒指。她曾经说过："我不喜欢被限制在框框之内的一切，平庸的东西在我面前一无是处。"在佩戴鸡尾酒戒指时，这句话简直是金玉良言！
- H. Stern[65]（H. 斯特恩）品牌鸡尾酒戒指：该品牌善于利用次等宝石制作造型夸张的鸡尾酒戒指，该品牌颇受好莱坞一线明星追捧。同时，该品牌也屡屡推出低价系列，以吸引更多的年轻追捧者。
- Tony Duquette[66]（托尼·杜克特）品牌鸡尾酒戒指：该品牌以极度奢华的宝石鸡尾酒戒指最为著名。作为一位以豪华设计风格著称的室内设计师，杜克特先生在他的珠宝设计中加入了摄人心魄的夸张元素。
- Stephen Dweck（史蒂芬·德维克）[67]品牌鸡尾酒戒指：该品牌以它源自自然的设计理念深受时尚人士喜爱，设计师在全球各地广泛汲取灵感并选取材质，以打造每款全球仅一件的珍贵戒指。
- David Webb[68]（戴维·韦布）品牌鸡尾酒戒指：该品牌最具代表性的特征是狂野鲜亮的用色、奇谲大胆的想象以及对动物造型的生动运用（请想象一枚金色的猎豹体型的鸡尾酒戒指上镶嵌两颗荧荧透亮的绿宝石作为猎豹眼睛的设计）。该品牌设计的鸡尾酒戒指是收藏并作为传家宝之佳选。

前面几款都是以夸张复古造型为特征的鸡尾酒戒指，而下面推荐的三款则更为摩登、更具现代感：

- Loree Rodkin[69]（洛里·罗德金）品牌鸡尾酒戒指：该品牌以设计戴在指节上方的硕大的充满朋克风和中世纪复古风的鸡尾酒戒指著称，受到摇滚爱好者们的追捧（这些摇滚客必须非常富有才行）。

- Chrome Hearts[70]（克罗心）品牌鸡尾酒戒指：推荐该品牌带有哥特风格图案的银色戒指。
- Stephen Webster[71]（史蒂芬·韦伯斯特）品牌鸡尾酒戒指：推荐该品牌中专为“坏女孩”们设计的鸡尾酒戒指——上面或有骷髅形状设计，或刻有刻薄讽刺的话语。

Kenneth Jay Lane 的仿真珠宝设计：当之无愧的衣橱焦点以假乱真的美丽骗局

Kenneth Jay Lane（肯尼思·杰伊·莱恩）被称为“时装珠宝之王”[72]。实际上，我在前面说到的每一个品牌都有仿真制品。众多的时尚女性为这些仿真珠宝深深着迷，其中不乏杰奎琳·奥纳西斯、奥黛丽·赫本、黛安娜·弗里兰等名流。几十年来，该品牌的仿真珠宝受到了真品一般的狂热追捧，这也是我强烈推荐的必备单品。

鸡尾酒戒指穿搭要领让你的手指开始唱歌

- 尺寸大小相当重要：要买就买造型硕大、至少在5克拉以上的款式。尺寸越大、造型越夸张越好。
- 仿真也疯狂：哪怕最富有的女士们也喜欢佩戴仿真鸡尾酒戒指。
- 挑选充满戏剧色彩的夸张款式：佩戴鸡尾酒戒指是一种个性的展露与张扬。选择最符合你个性的款式，然后让它物尽其用吧！

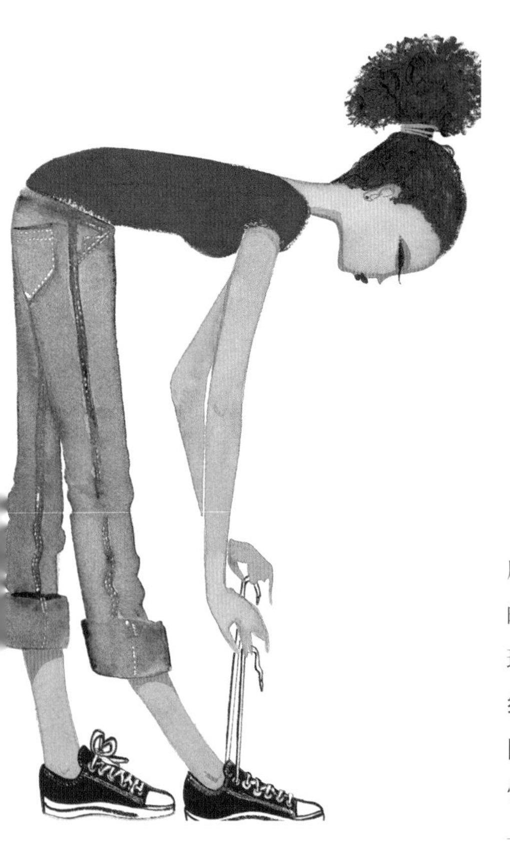

22.

匡威帆布鞋

Converse

这是一款永远处在潮流前端的平底帆布鞋，在远离T台和镁光灯照射的时候，模特们喜欢穿着它逛街；下班之后的闲散时光里，都市女郎们也经常选择它来放松一下。一双简单的匡威帆布鞋会让女孩们看上去随性而懒散，似乎完全没有想过要精心装扮一番。她们常常只用简洁的短裙、紧身牛仔裤和白T恤搭配帆布鞋。每次我在街头看到这样装扮的女孩，都会为她们似乎信手拈来的时尚感所倾倒。

匡威与众多著名设计师品牌的合作也被奉为时尚界的盛事。在匡威品牌诞生100周年之际，他们专门推出了匡威“1HUND”红色系列，并以部分销售所得来帮助非洲地区抗击艾滋病毒的肆虐。这场耗时一整年的时尚慈善活动召集了100位来自全球各地的艺人、画家与涂鸦艺术家，邀请他们每人为匡威提供一款全球独一无二的平底鞋设计创意。启动活动中还包括设置一个名为“点亮我的红”的公众参与平台，消费者可以自由选择颜色和款式，定制专属自己的款式。这恰恰是匡威品牌一贯与都市大众保持良性互动的缩影。

fashion 101

匡威品牌的由来

大约在 100 年前，匡威帆布鞋诞生于美国马萨诸塞州，当时只是篮球鞋的一种，在 20 世纪 50 年代之前，它的功用也一直停留在运动场上。而当海滩男孩乐队[73]、詹姆斯 · 迪安[74]和“猫王”埃尔维斯 · 普雷斯利开始穿着它们出现在舞台和银幕上时，美国青少年迅速群起效仿，于是，匡威平底鞋不再只是一双普通的篮球运动鞋，而开始逐渐成为时尚界的常青偶像。到了 60 年代，匡威公司开始对平底帆布鞋的消费人群进行分类调查，并针对他们的需要设计多种颜色和款式（之前该品牌只提供黑白两色的设计），继而制造出牛津低帮平底鞋系列，直至今日该款式仍旧非常流行。如今，在时尚女郎的衣橱中，匡威平底运动鞋被放在 Christian Louboutins（克里斯提 · 鲁布托）和 Manolo Blahnik[75]（莫罗 · 伯拉尼克）的高跟鞋旁边。

匡威帆布鞋逸闻：

- 据调查，60% 的美国人称自己拥有至少一双匡威帆布鞋。
- 匡威高帮帆布鞋系列也被称作查克 · 泰勒（Chuck Taylor）。1918 年，当时的高中篮球明星球员查克 · 泰勒第一次穿着这种鞋登上赛场。之后，他成为该款鞋的代言人，并允许匡威公司以他的名字为该款匡威鞋命名。

23.

化妆包

Cosmetics Bag

也许在你眼中，化妆包只是个无足轻重的小配件，但是很多时尚中人会告诉你，少了化妆包，她们什么也不能干。同样，化妆包也分为各种档次和款式，有人喜欢大牌路线，比如Prada（普拉达）、LV、Bottega Veneta或是Tod's（托德士）；也有人喜欢中低端较为亲民的品牌，比如LeSportsac[76]（力士保）或者M・A・C[77]（魅可）。如果你买了一款造型别致的缎面或者天鹅绒化妆包，那么它们还可以被当成手袋用来出席重要场合，尤其是在旅行中需要精简装备时。我拥有四色同款的Prada缎面化妆包，在我需要轻装出行的场合里，我会一包多用，当作晚装包或者用来存放各种票据。

但是，我还是得提醒大家，化妆包最大的作用在于里面装的东西（虽然我们也很希望，在从手袋中把它取出来的时候，会让我们觉得很有面子）。

在出席各种时尚场合时，我总是很好奇别人的化妆包里都装着些什么。先来看看我的吧：

- La Roche Posay（理肤泉）防晒特护防晒霜：这是我多年的护肤秘诀之一，含有的特殊成分——mexoryl（麦素宁）可强效抵御UVA（长波紫外线）和UVB（中波紫外线）。
- Kiehl's（契尔氏）润唇膏：是质优价廉的单品，未添加香料，滋润效果显著。
- Guerlain（娇兰）修容蜜粉：轻盈而带有光感的细腻粉质为脸部打造出了层次分明的立体轮廓，让脸部肌肤看上去像被阳光亲吻过一般。
- Nivea（妮维雅）防晒喷雾：喷上之后脸部线条明显更紧致，且皮肤更有水润感。
- Kérastase（巴黎卡诗）滋养护发乳：令头发顺滑闪亮，发质更强韧。
- Mario Badescu[78]（名门闺秀）不含油分乳液：为受损肌肤有效注入活力。
- Helena Rubinstein（赫莲娜）维C精华乳霜：所有的化妆师和模特们都在用它。
- Maybelline（美宝莲）明眸纤长睫毛膏：粉红色管身，刷头为绿色。
- M·A·C眼影：色彩出众且妆效完美、持久。
- Bobbi Brown（芭比·波朗）流云眼线胶：这款眼线胶操作方便，上妆容易而妆效持久。可以打造从自然裸妆到夸张烟熏效果的各种眼妆。
- Tweezerman[79]（修美人）无痛自动眉夹：每次都能准确拔出多余毛发，从不失手。
- Shu Uemura（植村秀）专业睫毛夹：彩妆界最受欢迎的专业睫毛夹，能打造持久的睫毛卷翘效果，让你的双眼看上去神采奕奕。

世界上没有丑女人，只有懒女人。

——赫莲娜・鲁宾斯坦[80]

24.

牛仔靴

Cowboy Boots

如果你来自于习惯穿着牛仔靴的地区，我就不必再费心啰唆了。但是如果你并非来自美国西部或者南部，可能还需要在穿上牛仔靴之后先适应几天。实际上，穿牛仔靴的最佳法则就是它没有最佳法则。你可以用它来搭配短裙，同样，也可以用它搭配牛仔裤和T恤。但是如果你没有生在美国西部或南部，没有穿惯Tony Lama[81]（托尼·喇嘛）的牛仔靴，那么你还需要好好练习以便能逐渐驾驭这种装扮。我给新手的建议是用Hanes的T恤和你最爱的那条Levi's（李维斯）牛仔裤来搭配牛仔靴（别忘了把裤腿塞进靴子里）。当你开始习惯这样的装扮时，试着换一件白色的吊带抹胸裙搭配造型别致的配饰，或者用一条层叠的锥形长裙搭配一件牛仔外套。牛仔靴搭配短裙的装扮需要有一些经验，或许当你去了美国南部或者西部，驾驭起来就会相当自如了。像电影《正义前锋》中的牛仔靴造型还是留给黛西小姐吧！但是你会知道，在内心深处，你就是个不折不扣的牛仔靴女郎！

牛仔靴逸闻：

牛仔靴的发明源于一个牛仔聪明的小心思。当时，那位牛仔把他的马靴拿到鞋匠那里，要求他把靴子的前端做成尖的，这样他就能更方便地踏上马镫了。

牛仔靴穿搭要领
配好马鞍，准备出发！

- 如果你想打造一身牛仔女郎的装扮，建议你购买出自得克萨斯州等真正培养牛仔地区的牛仔靴制造品牌，比如 Tony Lama 或者 Lucchese[82]（卢凯塞）。这两个品牌都是得克萨斯人鼎力推荐的品牌——得克萨斯州每个角落里都有制靴匠，每个得克萨斯女人的衣橱里都有好几双靴子，因此，我相信他们的推荐。上述两个品牌的总部均设在得克萨斯州埃尔帕索市。
- 在选购牛仔靴时不要太在乎价钱，一双好的牛仔靴会帮助你逐渐形成自己的独特风格。而且，穿了一段时间之后，它们就会变成你的鞋柜中最舒服的鞋子。
- 最重要的是，不要让牛仔靴躺在鞋柜里收集灰尘。牛仔靴达人会告诉你：经常穿它，把它穿旧些，因为你永远无法用一双新靴子穿出牛仔的味道。

除了少女纯真的梦想，一双牛仔靴和一把旧吉他，我一无所有。

——玛丽 · 翠萍 · 卡朋特[83]

25.

宽手镯

Cuff

宽手镯是T台上永远的配饰，它硕大的造型很难不吸引人们的目光，是个人风格的完美代言。因此，它是人们在希望彰显个性时最常佩戴的饰品。都市时尚女性会选择铂金或者镶钻的宽手镯，波希米亚女郎选择木质或者带有民族风情的皮质手镯，而摇滚青年们则会选择带有铆钉的黑色皮革手镯。宽手镯拥有一种浑然天成的出位感，它能给一身原本严肃乏味的装扮增加些许冒险色彩，或者给一身平淡无奇的装扮瞬间注入光彩。

制造宽手镯的四种经典材质是乌木、银、人工树脂和木头，除此之外，我们也经常会看到镶钻、皮质或者铂金材质的宽手镯。

宽手镯穿搭要领
亲爱的，你戴上了得体的手镯

- 将材质较为珍贵的宽手镯与仿制品混搭起来戴在同一只手腕上。
- 把宽手镯和你的其他手镯混搭起来戴。
- 想唤醒你内心的“神力女超人”吗？试试两只手腕上都戴上宽手镯。

我最爱的宽手镯品牌

- Hermès 旗下 Collier de Chien（科利耶 · 德钱）系列[84]：皮质宽手镯，将朋克的硬朗风格和精美雅致的奢华感融为一体。
- Kara Ross[85]（卡拉 · 罗斯）：该品牌拥有一系列风格独特的宽手镯，不容错过。
- Robert Lee Morris[86]（罗伯特 · 李 · 莫里斯）：该品牌与多位世界顶级设计师合作，设计出一系列引领时尚风潮、令人过目难忘的宽手镯。
- David Webb：该品牌最先创造了动物造型手镯。
- John Hardy[87]（约翰 · 哈迪）：由于设计师出生在巴厘岛，该品牌珠宝的设计灵感多来自巴厘岛文化。设计师以古老的巴厘岛土著文化与传统工艺为设计灵感，设计了一系列宽手镯。
- Patricia Von Musulin[88]（派翠西亚 · 冯穆苏林）：该品牌制造充满潮流感的雕塑性宽手镯，即便 100 年以后也不会过时。
- 埃尔莎 · 佩雷蒂为 Tiffany 品牌设计的经典波纹形宽手镯。
- Chanel：当年引爆了时装首饰流行的一系列宽手镯，它们是时尚指向标。

当之无愧的衣橱焦点
Verdula 宽手镯

最具代表意义的宽手镯款式来自于佛杜拉公爵的机制花边镶钻设计。它们如此令人心动，但是也贵得令人咋舌。人们有时会将 Verdula[89]（佛杜拉）宽手镯的设计归功于香奈儿女士，但实际上，这些摄人心魄的设计都来自于佛杜拉公爵的天才般的时尚灵感，尽管香奈儿女士也起了不小的作用——她把仰慕者送给她的各种珠宝交给佛杜拉公爵，希望他能重新设计出一些新花样来。于是，Verdula 宽手镯应运而生，香奈儿女士被它们惊人的时尚感所折服。于是，她戴着这些手镯出入各种场合，直至宽手镯成为她个人标志性着装风格的一部分。如今，我们可以找到用各种材质——玉石、玛瑙、翠玉、檀木、乌木和胡桃木——制作的 Verdula 宽手镯。但是，它们的价格可不便宜，任何一款的价格都在 1.25 万美元以上。所以，明智的选择还是去买各种仿制品吧！

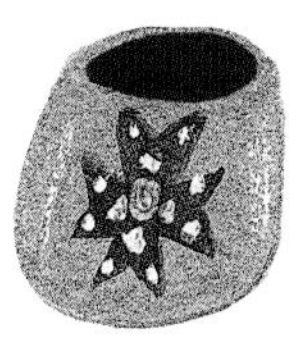

除了诱惑，我能抵挡一切。

——奥斯卡 · 王尔德[90]

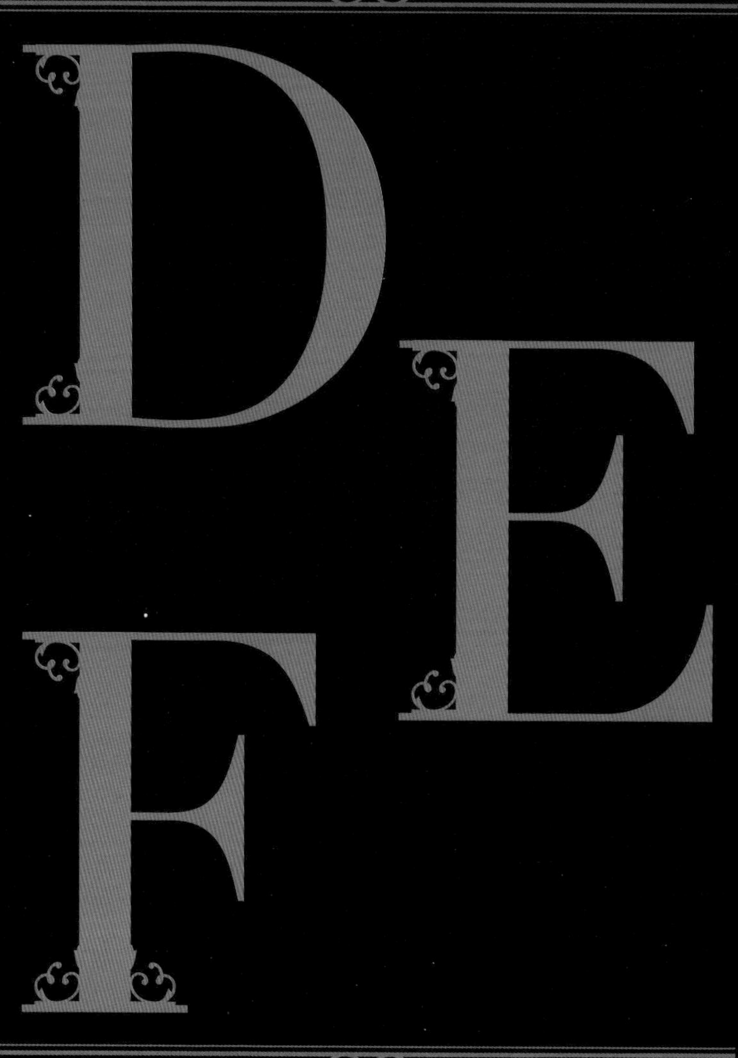
D
E
F

26.

牛仔外套

Denim Jacket

牛仔外套在时尚的浪潮中历经几起几落，而这正是时尚最大的魅力之一——拥有强大的自我造血功能。当你觉得牛仔外套早已过时的时候，也许恰好会迎来它新一轮的盛大回归。20世纪50年代，牛仔外套仅在油矿工人间流行。而到了60~70年代，贾尼斯·乔普林[91]和嬉皮士们自作主张，穿着牛仔外套去参加反战抗议游行和摇滚音乐节，（有时他们甚至会在情绪高涨时把外套连同牛仔裤一起脱掉！）而油矿工人与牛仔外套之间的联系早已被甩进历史的垃圾桶了。到了80年代，年轻人用发带、朋克风或公主风的各种令人眼花缭乱的单品来搭配牛仔外套。牛仔外套几乎变成了20世纪80年代的代名词——走进当时的任何一场派对，你都会发现一个巨大的牛仔外套联盟。90年代，拉尔夫·劳伦从这群疯狂的年轻人手中借来牛仔外套，并用带有非洲草原气息的长裙、牛仔靴和绿松石等珠宝与之搭配，将这种形象成功推上了T台。一时间，人们甚至认为，牛仔外套自打被创造以来就应当如此穿搭。如今，我们看到模特和明星们穿着各种不对称剪裁或者故意使用缩水设计的牛仔外套，就会发现，时尚先锋们又开始抛弃已有的各种关于牛仔外套的穿着理念，往新一轮的风尚发起冒险冲击了。

牛仔外套穿搭要领

- 牛仔外套是天生适合走极端路线的单品。请选择全黑或者磨破的款式，没有人会喜欢一款四平八稳的牛仔外套。
- 选择比你的身材小一号或者尺寸刚刚好的牛仔外套。
- 总的来说，牛仔外套不宜搭配蓝色牛仔裤。全身蓝色牛仔的穿着只适合真正在美国西部放养牛羊的纯种牛仔们，蓝色牛仔外套最适合的搭配是一条纯白牛仔裤！
- 每个牛仔装品牌都拥有自己的牛仔外套款式，而最好的款式，我认为来自 Levi's、A. P. C.[92]、Diesel[93]（迪赛）、Marc by Marc Jacobs[94]（马克·雅各布斯的马克）。当然，别忘了去古着店找最好的款式！

27.

钻石耳钉

Diamond Studs

最好的钻石耳钉当然来自亲友的馈赠，而且，越大颗的真钻越好。当然，自己买的大颗仿钻款式也不错（至少不会在弄丢的时候想自杀）。钻石耳钉适合日常佩戴，它们会为你的脸颊增添一抹闪亮，又不会显得过分夸张。钻石耳钉几乎可以和你的大部分服饰搭配得恰到好处。

fashion 101

挑选钻饰的4C法则

- 色泽（Color）：最珍贵的钻石几乎是完全透明或者接近完全透明的（切磨后呈白色）。色泽越透明，白色越能穿透，经折射和色散之后的颜色就越缤纷多彩。
- 切割（Cut）：切割指的不是钻石的形状，而是钻石的切割工艺。主要从切割比例和切割角度两方面鉴别。
- 净度（Clarity）：最珍贵的钻石当然是接近无瑕疵的。一般钻石表面和内部都会存在瑕疵。表面的瑕疵称作外形瑕，内部瑕疵被称作内含瑕。
- 克拉（Carat）：克拉是钻石的重量单位。1克拉相当于200毫克。

这世界上的黄金开采与我无关…… 我只佩戴钻石。

——梅 · 韦斯特[95]

28.

轻便驾车鞋

Driving Shoe

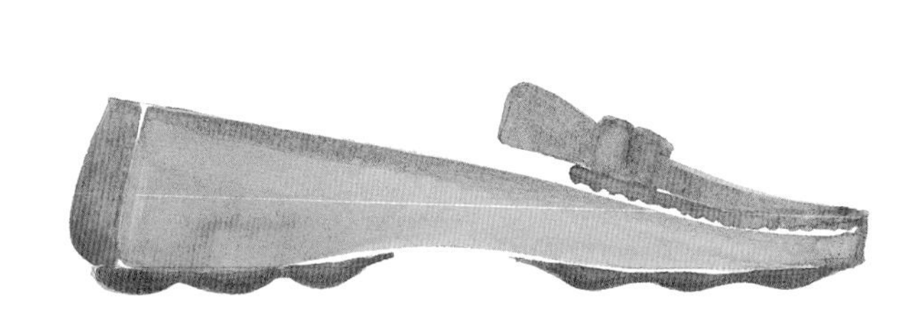

从名称就可看出，轻便驾车鞋只意味着一件事：舒适。轻便驾车鞋通常出现在长途飞机上，或者在周末假期的楠塔基特岛上。轻便驾车鞋质感极为舒适，从造型上看，又比同样以舒适著称的平底鞋更具时尚感。轻便驾车鞋最易和白色或卡其色牛仔裤，以及一件简洁素净的男式白衬衫搭配，打造出典型的美国上流社会人士的休闲装扮。轻便驾车鞋最初只为男士专有，男士们穿着它开车去参加正式场合，到达目的地之后再穿上与场合更相称的鞋——对，它的功能就和出租车一样。不过，有谁会穿着轻便驾车鞋去开出租车呢？

轻便驾车鞋的设计灵感来自于平底便鞋，因此它同样以轻便舒适的穿着感为特色。两者最大的不同在于，设计师们在轻便驾车鞋底加入了多个微小的橡胶颗粒，可以在开车时起到防滑之用。世界上第一双轻便驾车鞋诞生于1963年，出自于意大利设计师吉安尼·莫斯蒂莱之手，他的灵感源于对鞋履与赛车这两者的疯狂热爱。在此之后，时尚偶像肯尼迪总统与罗伯托·罗塞里尼使这款以鹿皮鞋面与胶粒鞋底为特征的鞋风靡全球。

轻便驾车鞋穿搭要领
它舒服得就像是脚掌的姐妹

- 在夏天可以尝试颜色明艳大胆的鞋款。
- 鞋上的标志和装饰越小越好。
- 寻找那些拥有新奇动物图纹或材质的鞋款。
- 用奶油糖果色的小羊皮驾车鞋来宠爱自己，它们与你的小麦色双腿配极了！
- 记住：有一些穿旧的痕迹会为你的驾车鞋大大加分！

fashion 101

轻便驾车鞋之典范
TOD'S

Tod's，意大利最负盛名的鞋履与箱包品牌，以集优雅与舒适于一身的轻便驾车鞋——“豆豆鞋”闻名于世。而实际上，“豆豆鞋”在意大利的诞生还得归功于早先在美国流行的优雅学院风。1978年，身为著名制鞋师传人的迭戈·德拉·瓦莱首次踏上充满自由气息的美国土地，深深为美国人率性随意但不失时尚感的周末穿着着迷。他说：“美国的周末充满着轻松随意的氛围，而在意大利，周末仍旧被死板沉闷的感觉所笼罩。在美国，我第一次发现，周末意味着自由无拘束的美好时光，人们在周末的穿着应当是不那么正式，但同样拥有卓越品质和优雅的气质。”于是，一种轻便舒适的鞋款逐渐在他的脑海中成形。这就是今日已成为无数时尚拥趸追捧的经典鞋款“豆豆鞋”的设计缘起。

轻便驾车鞋逸闻：

有趣的是，该品牌名称 J. P. Tod's 出自1978年波士顿市的电话黄页中。据说，该名字在任何一种语言中的发音都相当悦耳。

29.

布面藤底凉鞋

Espadrilles

它是永远的夏日经典。当冬季刚刚离去，夏日猝不及防地到来时，你最好已经准备好一双漂亮的布面藤底高跟凉鞋，搭配上太阳裙和你最爱的白色牛仔裤，或者卡夫坦长衫。布面藤底凉鞋起源于西班牙和葡萄牙，以藤编或草编鞋底以及质地坚韧的斜纹布鞋面为特征，最初都是平底鞋款，是当地农民、士兵以及地中海沿岸各国渔夫的专用鞋。如今的布面藤底鞋早已演进为高跟款式，不再适合在战场上或渔船上穿着了。这些现代的鞋款设计来自于克里斯提·鲁布托，是他的慧眼发现并改造了这种古老的鞋履，并使它成为时尚舞台上长盛不衰的经典。

fashion 101

Castañer（卡斯特纳）的由来

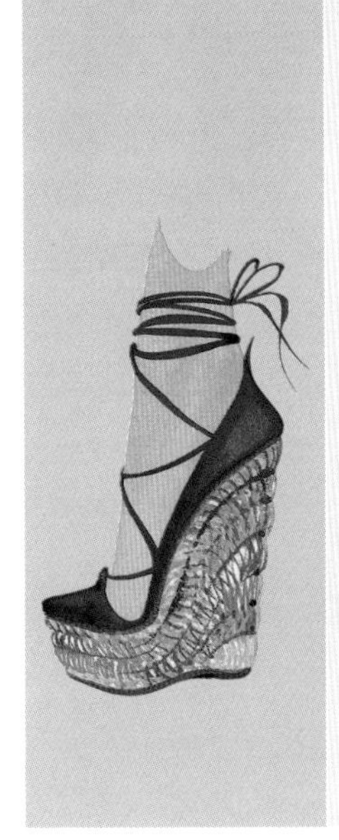

如果伊夫·圣洛朗未能在20世纪60年代巴黎的一次商业展销会上遇见伊莎贝尔·卡斯特纳，布面藤底鞋也许永远都没有高跟的鞋款，也不会有占据时尚领地的机会了。从1776年开始，这家如今已为全球时尚业熟知的西班牙制鞋厂就开始制作平跟款布面藤底鞋。但是当圣洛朗注意到它的时候，该品牌已经面临倒闭的困局。由于该鞋款最初专为农民和乡村人士设计，但他们的需求量不断减少，厂家濒临破产。圣洛朗询问该品牌的时任负责人卡斯特纳，是否能考虑制作高跟的鞋款。这个创意无异于雪中送炭，之前从未有人想过为这种平底鞋开发高跟款式。当第一批新鞋款上市之后，厂家迅速得到了时尚界的积极反应，该鞋款一炮而红。如今，该品牌已经成为西班牙乃至全球时尚界的传奇，成为时尚产业中最受欢迎和瞩目的单品之一，同时也成为包括YSL、LV以及DKNY等一线时尚品牌的御用鞋履制造商。

"我只是想让他们知道，我是打不垮的。"

——莫莉·林瓦尔德[96]在电影《红粉佳人》中的台词

30.

晚礼服

Evening Gown

毫不夸张地说，女明星穿着晚礼服走红地毯已经升级为一场赛事。而对我们来说，评头论足也成了一件同时过足眼瘾与嘴瘾的乐事。看着眼前的明星们娉婷而过，我们不断发表着各种评论，褒贬不一。但是，当有一天，我们也站在红毯之上、聚光灯之下接受大众目光的检阅时，我们的情绪往往也会跌入恐慌之中。这就是为什么，你永远需要提前备好几套晚礼服的原因——虽然在通常情况下，我们总是会等接到邀请之后，才无奈地走入商店进行挑选，体验着“晚礼服压力综合征”带来的烦扰。急匆匆几个小时的挑选之后，挑花眼的我们往往轻易投降，抱着一件价格不菲的权宜之选回家。

聪明的时尚女郎们永远不会错过礼服打折的时机。一旦遇见自己钟爱的款式，便立刻购入。实际上，她是否需要在近期或将来参加正式场合，这一点儿都不重要，因为她知道，这一刻终将来临。一旦它真的到了，她储备充实的衣橱就会让她熠熠生辉。

对每种身材而言，都有最合适的晚礼服款式

- 露肩晚礼服：如果你拥有近乎完美的胸部与双臂线条。
- 圆柱形晚礼服：专为颀长瘦削的身材设计。
- 斜纹剪裁晚礼服：更适合充满曲线美感的丰腴身形。
- 设计灵感源自希腊的女神晚礼服：所有身材的完美选择。

晚礼服穿搭要领

- 雪纺、轻质绉纱和丝缎是四季皆宜的晚礼服材质。
- 切忌任何会损害晚礼服优雅感的设计细节，比如过多的珠饰、褶皱或者过于繁复的用色及图纹。
- 挑选深色或中性色的晚礼服，以备能够出席不止一种场合（只需更换每次的配饰）。
- 最能凸显身材优势的是一身雪纺或缎面的斜纹剪裁晚礼服（斜纹剪裁使礼服更贴合身体，同时也比纵向剪裁的礼服更易穿着）。

女性的礼服应当像用铁丝网筑起的围栏一般——既实现了遮挡的功能，又让风光一览无余。

——索菲娅 · 罗兰

31.
兽皮手袋
Exotic Skin Bag

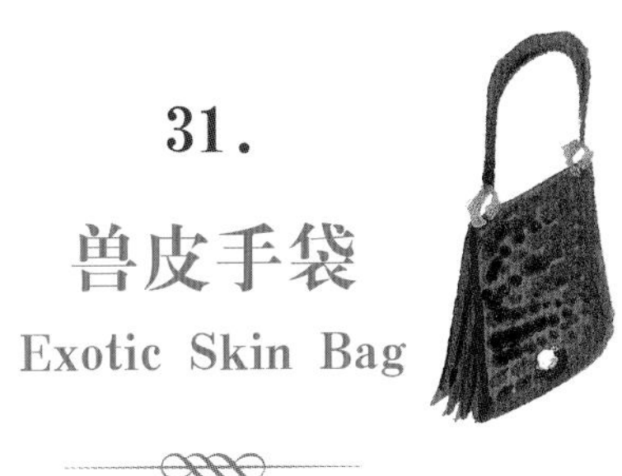

除了兽皮手袋，你身上的其他一切都可以中规中矩，因为——兽皮手袋才是吸引目光的最大亮点。兽皮手袋最大的诱惑在于，它将使你周身瞬间弥漫一股奢华气息。挎上你的鳄鱼皮手袋或者蛇皮手包——啊哈——你就是女人们忌妒的焦点。而最棒的是，世界上再也找不到与你的手袋一模一样的皮包，因为世界上再也不存在一块形状、纹路和质地完全相同的兽皮了——它独一无二。如此说来，用稀有兽皮手工缝制而成的真皮手袋与各大时尚品牌批量推出的流行包款形成了鲜明对比，这也是为什么我强烈推荐你购买两只同款兽皮手袋的原因了。

稀有兽皮手袋选购要领

- 古着店或者古着秀场是寻找兽皮手袋的绝佳场所，有时候你可以省 2/3 的钱!
- 有 3 种兽皮材质的手袋永不过时——鳄鱼皮、蛇皮和鸵鸟皮毛。
- 在选购兽皮手袋时永远记住一点（它们真的贵得让人心疼）：这只包包将永远只专属于你，一个人。

我最为钟爱的许多兽皮手袋都由南希 · 冈萨雷斯品牌制造。该品牌在经典的设计中加入了各种充满趣味的元素（出挑的颜色以及精湛的鳄鱼皮、眼镜蛇皮编织工艺等）。除此之外，在如今各大品牌争相在设计上夸大和凸显品牌标志的同时，南希 · 冈萨雷斯的产品上不带任何品牌标志设计。因为该品牌创始人相信，高品质的真皮足以说明一切。该品牌的产品素以皮质优良、设计经典著称，因此款式永不过时。你会看见将该品牌手包挎在肘部的，除了气质高雅的成熟女性，也不乏青春逼人的低龄时尚达人。

有人认为奢华是贫穷的反义词，我不赞同。
奢华应当是庸俗的反义词。

——可可 · 香奈儿

32.

渔网袜

Fishnets

最初，渔网袜是某类拥有不光彩职业女性的专属配饰，她们和渔网袜都只属于那些潮湿阴暗的小酒馆。这种状况直到20世纪20年代才被一批果敢的革新者打破，玛琳·黛德丽就是其中的先锋，她发掘并且演绎出了渔网袜的致命诱惑。最具魅惑力的穿法是露出膝盖与大腿之间几英寸裹着渔网袜的紧实肌肤，以及在渔网袜中若隐若现的脚趾，勾起观者心中的无限遐想——这渔网袜之下是带着几分玛琳·黛德丽式冷艳不羁的性感，还是藏着几分迪塔·万提斯[97]式的优雅放荡？需要注意的是，如果让穿着渔网袜的整条腿暴露无遗，再加上超短裙和超高跟鞋，释放出来的可就不是优雅的性感了。你知道我说的是哪种女人，我们都不想变成那样。

从根本上说，我就是你们的妈妈，
日夜警告你们千万不要成为那种女人。

——迪塔·万提斯

渔网袜穿搭要领

渔网袜的穿搭需要十足的技巧——穿对了，优雅性感的形象便会展示出来；穿不对，“廉价”和“俗气”就会成为你的标签。所以，请记住：

- 选择合适的网格尺寸：网格边长最好在3~6毫米之间，越小越好。
- 搭配的服饰需精致优雅：挑选风格雅致的罩衫配以铅笔裙或长裤，仅露出脚部的渔网袜。
- 试穿的时候最好将腿部全部露出。
- 高明的渔网袜穿法是做减法而不是加法：在剪裁讲究的长裤下露出脚踝部分的渔网袜，效果要比穿着超短裙和超高跟鞋，同时还露着整条裹着渔网袜的腿好得多。

33.

机车靴

Frye Harness Boot

在20世纪60年代，机车靴成为女权意识解放的代表性穿着。那时的女性认为，外表笨拙而沉重的机车靴赋予了女性勇气与力量，而这正是她们所奋力追求的品质。于是，高跟鞋暂时被扔到一边，几乎每一位女性都拥有了一双机车靴。因此，当史密森学会[98]要寻找一种事物来代表20世纪60年代的美国时，他们选择了机车靴。如同女性始终坚信自己的勇气和力量不能被轻视，她们也始终坚守着对机车靴的热爱。虽然乍一看去，笨重的机车靴似乎与时尚毫无关联，但是它为女性增加了一份英气与力量感，向世人宣示女性的形象不再是脆弱的、充满依赖感的，有时候，女人也会像男人一样粗犷强悍。而这种自由精神，不正是时尚无时无刻不在追求的吗？

机车靴穿搭要领
做个拉风的机车靴女郎

- 机车靴以做旧款为上乘，因为它更能为女性的形象增加粗犷感。
- 最酷的穿法是将牛仔裤腿塞进机车靴中，或者用男友的羊毛开衫和短裙来搭配出一身的帅气。

fashion 101

最著名的机车靴制造品牌：FRYE

Frye（弗莱）品牌拥有近 150 年的历史，在制鞋领域素来享有美誉。它成立于 1863 年，是美国境内经营至今的最古老的制鞋品牌。从美国南北战争时期开始，机车靴就成为南北双方士兵们喜爱的鞋款。这种喜爱一直延续下来，从 19 世纪后期开拓美国大西部的先锋们到第一次和第二次世界大战时期，战士及将领们都将它作为日常穿着的重要鞋款，他们中包括前美国总统罗斯福和被誉为“铁血将军”的巴顿将军[99]。直到 20 世纪 60 年代，机车靴才从功能性的鞋款成为一种具有时代意义的时尚标签。

34.
皮草
Fur

皮草的重点不在于真假，只要有型、能够传递足够的优雅和奢华感，皮草的真假便无所谓。

如果你只钟爱真皮草

我最爱的 5 种皮草，按照价格和奢华程度排序分别是：紫貂皮、南美灰鼠皮、水貂皮、阿斯特拉罕羊羔皮 / 大尾羊羔皮和獭兔皮。在意大利，富家千金们将在她们的成人礼上获得人生的第一件皮草，而家中的女性亲朋会向她们传授分辨皮草质量及等级的知识。意大利人对于皮草的疯狂正如法国人对于丝巾的热爱和美国人对于牛仔裤的钟情，所以意大利女性会理直气壮地告诉你，皮草应当如何选，如何穿，以及如何与身上的其他单品搭配。实际上，皮草几乎可以和任何服饰搭配出亮眼的效果，一整块皮草或是部分的皮草点缀都将给牛仔装、晚礼服和裙装带来浓厚的优雅气质。

去哪里寻找上等的皮草?

J. Mendel[100]（J. 门德尔）、芬迪（Fendi）、Dennis Basso[101]（丹尼斯 · 贝索）以及各色古着店。

fashion 101

T台上永不褪色的经典皮草

- 紫貂皮：如果你有丰厚的置装费，那么紫貂皮是我的第一推荐单品。由于皮毛顶端色素沉积极为有限，紫貂皮会透出一种令人沉醉的银色光泽。在石油被大规模开采之前，"黑金"这一尊称是用来形容紫貂皮的。直至今日，紫貂皮依然是皮草中最为贵重的一种，从未被超越。
- 南美灰鼠皮：它质地轻盈、柔软，具有天鹅绒一般顺滑的触感和性感妖娆的光泽。它的光泽会随着空气的流动和身体的扭动呈现出银白、灰蓝、珍珠灰、玫瑰米和纯黑色等不同的颜色。它毫无疑问是时尚领域最具标志性意义的发现之一。
- 水貂皮：这是如今最受追捧的皮草种类。它质地柔滑，可以呈现出从白色到深褐色到纯黑色之间的任何色泽，赋予了时尚设计师们无限的创意和联想。除此以外，水貂皮相对于上面的两种皮草更容易获得——不同品种的彩貂和标准貂均可成为水貂皮的来源。
- 阿斯特拉罕羊羔皮/大尾羊羔皮：这两种皮草均来自于波斯产地的羔羊身上，专门用于制造波希米亚风格的皮草服饰。其中，阿斯特拉罕羊羔皮质地较粗，毛织疏松，一般会对它的纹理进行特殊设计。而大尾羊羔皮质地轻柔丝滑，光泽感较前者更强，这种皮毛由于卷曲未能充分生长展开，故而呈现出美丽的云纹。
- 獭兔皮：这是灰鼠皮的一种仿制品，以染制处理使其触感和纹理十分接近灰鼠皮，有时甚至只有专业的鉴定师才能将两者分辨开来。

当之无愧的衣橱焦点
皮草披肩

女士们，关于皮草披肩的问题，你们需要听听我的意见。我知道很难为晚礼服搭配合适的外套——我们白天穿的外套和晚礼服的搭配往往惨不忍睹。但是在寒冬之夜，如果仅仅穿着晚礼服出门，那对你的身体可太不负责任了！这时，该是皮草披肩发挥作用的时候了，它是每一位时尚女郎衣橱中的必备。随意地披上它，你的周身将会散发出好莱坞明星一般雍容华贵的气息。更重要的是，它让你的装扮显得完整，而不像是把外套落在了出租车里。

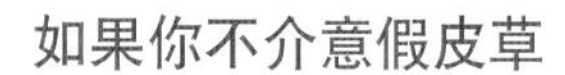

如果你不介意假皮草

如果你在购买假皮草时一心想要寻找到足以以假乱真的单品，那你就大错特错了！在谷歌中输入“2007秋冬季Prada‘假皮草真经典’时装秀”，你会发现，Prada根本没有用假皮草仿造真品，相反，设计师们将假皮草染成亮橙等明艳的颜色，或者创造出极为蓬松的白色假皮草外套，为假皮草赋予了属于它们自身的生命和美感。虽然人人都能看出这些皮草不是真品，但它们传递出的时尚感仍令人们印象深刻。

皮草历史上值得铭记的时刻

- 1953 年：玛丽莲·梦露与劳伦·白考尔[102]在电影《愿嫁金龟婿》中身着皮草出境。
- 2001 年：格威妮丝·帕特洛在电影《天才一族》中的皮草造型成为经典。
- 2006 年：梅丽尔·斯特里普在电影《穿普拉达的女王》中不断变换的皮草装扮成为令人难忘的记忆。

35.

男士礼帽

Gentlemen's Hat

当你头戴一顶男士礼帽进入一间房间，效果会和戴着墨镜走进去差不多——人们的眼光将会迅速集中到你的身上，但同时，这些帽子也会很好地保护你。每位女性都应当拥有一顶男士礼帽，因为将它随意扣在头上走在街头的那股利落率性的气质，除了它，很少有其他单品能够创造出来。

男士礼帽推荐款

- 费多拉帽：一种帽冠顶端中央微微下陷、帽檐歪斜的毛呢料帽子。最初，戴这种帽子的通常是侦探或者歹徒。虽然它如今已经成为时尚舞台上的常客，但是仍旧带有几分神秘和危险的气息。因此，在戴上它时调整好你的状态，露出你最神秘的一面吧！

  名人拥趸：葛丽泰·嘉宝、麦当娜、凯拉·奈特莉、弗兰克·希纳特拉以及艾尔·卡彭[103]。

- 特瑞比帽：与费多拉帽外形相近，只是帽檐更窄。特瑞比帽一直以来都深受爵士和灵歌歌手钟爱，近年来也受到英国独立音乐人和情绪摇滚音乐人的追捧。

  名人拥趸：艾格妮丝·戴恩[104]、贾斯汀·汀布莱克[105]、维多利亚·贝克汉姆。

- 巴拿马草帽：由一种名为“托奎拉”的草茎编织而成，帽檐较前两者更宽，帽冠顶端中央同样有凹陷设计。巴拿马草帽素来以轻盈的质地和上佳的柔韧性著称，即便将它卷起，散开来后形状仍旧完好，这一特点使其成为极好的旅行装备。在20世纪早期电影的艳阳场景下，如果演员意欲传达一种休闲式的优雅气质，服装顾问一定会为他们准备一顶巴拿马草帽。

  名人拥趸：鲍勃·迪伦、克拉克·盖博。

fashion 101

以上帽款的由来

- 费多拉帽（Fedora）：虽然这款帽子最初通常与男性联系在一起，但它的得名却缘于一位女性——19世纪80年代一部话剧中的角色——费多拉。
- 特瑞比帽（Trilby）：该帽款的得名同样源于一部19世纪末期的戏剧作品——由小说《特瑞比》改编的同名戏剧。剧中人物在该剧于伦敦首演时戴了一顶软毡帽，特瑞比帽之名由此诞生。
- 巴拿马草帽：事实上，巴拿马草帽的发源地不是巴拿马，而是厄瓜多尔。在巴拿马运河通航之后，这种柔韧性极好的草帽被源源不断地从产地运往巴拿马运河，供施工工人佩戴。1904年，时任美国总统的西奥多·罗斯福在一次参加完巴拿马运河回程时戴上了一顶这种草帽，从此，全世界都将这种草帽与巴拿马紧密联系在一起了。

男士礼帽穿搭要领

最重要的是，让你的状态与帽子的气质融为一体。如果没有自信将自己调整至最佳状态，那么你就失去了佩戴这件单品的所有意义。

把你的帽子戴好了——不光是角度，还有心态。

——弗兰克·希纳特拉

36.

手套

Gloves

一双丝缎质地的晚装长手套会让你的装扮散发一股 20 世纪 40~50 年代好莱坞电影的味道。阿瓦 · 加德纳[106]、丽塔 · 海沃思和费雯丽，这些好莱坞最美的女性几乎在所有的公众场合中都戴着手套，而这似乎成为那个时代所有女演员约定俗成的规则，手套于是成为优雅女性气质的象征。但是到了 20 世纪 60~70 年代，当女性们极力与传统中的女性形象对抗的时候，手套逐渐淡出了时尚人士的视野，而且，必须承认，直至今日，戏剧感十足的丝缎晚装长手套仍旧未能重现辉煌。尽管如此，每当看见女士们戴上与所出席场合配合得恰到好处的手套时，我总是深深地为它们的光彩着迷。

晚装长手套逸闻：

晚装长手套的历史还得追溯到 1566 年。那一年，英国女王伊丽莎白一世戴着一双长达半米的金边白色皮质长手套去参加牛津地区的典礼，晚装长手套就此诞生。

手套穿搭要领
狂恋这掌间的温柔

- 手套大小一定要合适，尤其在手指部分。
- 手套与长度仅到腰线的夹克外套，是最万无一失的搭配。
- 如果你觉得丝缎长手套过于夸张，也可以选择长度仅到手腕的皮质机车手套或者无指手套（虽然这两种手套无法制造出好莱坞的奢华优雅，但当你偶尔想打造出狂野的造型时，它们会让你喜出望外）。

手套历史上的经典时刻

- 1946 年：丽塔 · 海沃思在电影《吉尔达》中的造型。
- 1952 年：拉纳 · 特纳在电影《风流寡妇》中的造型。
- 1953 年：玛丽莲 · 梦露在电影《绅士爱美人》中的造型。
- 1961 年：奥黛丽 · 赫本在电影《蒂凡尼的早餐》中的造型。
- 1962 年：纳塔莉 · 伍德在电影《玫瑰舞后》中的造型。

“你得拥有一双漂亮的手套，否则我是不会去的。
手套比什么都重要。”

——电影《小妇人》中梅格的台词

37.

哈瓦那人字拖

Havaianas

哈瓦那人字拖几乎可以被看作是巴西国民的心头最爱。在巴西，人字拖是和大米、大豆一起摆在超市里出售的。它甚至被人们赋予了“民主拖鞋”的美称，因为上至国家最高首领，下至黎民百姓，人人都在穿它。2002年，让·保罗·戈尔捷[107]在他的时装秀中让50位模特穿着人字拖走秀。对于这一创举，巴西人觉得是理所当然，而当时的我们却充满好奇：这种不起眼的人字拖究竟有什么魅力，竟然可以堂而皇之登上T台，可以在一夜之间让每位名人都穿上它逛街？于是我们也买一双来穿上，然后我们也爱上了它。哦！我爱人字拖！

不错，人字拖看起来造型还挺别致，但是，它们最大的优点是踩上去柔软得像块黄油。只要你穿上它，就会一直想把它穿下去。你会明白为什么人们对它如此痴迷，你也会开始发现，它几乎可以和任何衣服搭配得恰到好处。

幸福就是拥有一条磨旧的蓝色牛仔裤，
和一双哈瓦那人字拖。

——无名氏

fashion 101

哈瓦那人字拖的由来

巴西哈瓦那人字拖的创意来源于传统日本女性穿着的一种用草编织而成的夹脚“草履”。1962 年，巴西制鞋商圣保罗 · 阿尔巴嘉塔受其启发，开始设计制造更符合巴西气候特色的橡胶材质夹脚拖鞋。2002 年，该公司逐渐开始向海外出口这一产品（而之前游客们总是偷偷地将它们带出巴西，在欧洲市场上出售）。

哈瓦那人字拖逸闻：

据统计，如果将世界上现有的哈瓦那人字拖一双双连接起来，其长度可绕地球 50 圈。

38.

“乞丐包”

Hobo Bag

“乞丐包”又称“水饺包”或“新月包”，它是完美的日常包款，很能装东西（你日常用的所有东西几乎都能装下）；它外形松松垮垮，却能打造出非凡的时尚感（肩挎或肘挎都十分有型）；它结实耐用（经得起日常的一些磨损）。该包款在设计之初被称为“乞丐包”的原因是，它很像流浪汉们随身携带的大布袋，也因其随意和低调的风格成为喜欢波希米亚风格的时尚女孩们的至爱之选。“乞丐包”有不同的风格和档次之别，既有适合画家、模特和年轻女孩们选择的包款，也有适合时尚名媛们的款式，因为几乎所有的时尚女性都发现，“乞丐包”真是最好用的日常包。

“乞丐包”选购要领

几乎所有的品牌旗下的包袋系列都会生产“乞丐包”，下面是我个人最推荐的款式：

- 制作精良、价格不菲的大牌“乞丐包”品牌：Gucci、Coach（蔻驰）、Jimmy Choo（周仰杰）。
- 价格相对较低的“乞丐包”品牌：如果想收藏，请尝试 Marc by Marc Jacobs 的包款，或者选择 Urban Outfitters 公司[108]旗下的 Urban Outfitters 和 Anthropologie 品牌的包款，你会发现它们更多是用布缝制的，和流浪汉所挎的行囊更为相似。

39.

环状耳环

Hoop Earrings

无论白天或夜晚，环状耳环都是最经典的百搭饰品。和钻石耳钉一样，在挑选环状耳环时，任何价位、大小、式样的款式都值得购买，但是颜色最好还是选择金色或银色。总的来说，耳环越细，时尚感越佳。因为“细”总是和“长”联系在一起，而“粗”总会造成“短”的视觉效果。一对金色的环状耳环，越细越精致的款式会打造出越年轻越性感的造型。小而粗的设计则显得更经典，别具魅力。请谨慎选择大而粗的款式，除非你想引发人们一些不洁的联想。

环状耳环选购要领

- 根据你的脸型、发型和脖子的长短选择大小及粗细合适的环状耳环。
- 大而细的款式最性感。

我最爱的环状耳环品牌

- Dean Harris[109]（迪安·哈里斯）：该品牌的耳环被誉为“耳环界的劳斯莱斯”，造型纤细且精致无比。该品牌的每一款环状耳环都是时尚编辑们疯狂追捧的对象。
- XIV Karats（XIV克拉茨）：一家位于好莱坞贝弗利山庄的珠宝店，制作各种尺寸的金银质地环状耳环。如果你像时尚编辑一样讲究环状耳环的粗细、大小，这里是你的正确选择。
- Jacobs the Jeweler（雅各布斯珠宝）：最值得推荐的宝石款式出自该品牌。还是那句话，越细越好。

如果你想知道自己在男人心中的形象，
看看他送给你的耳环就知道了。

——奥黛丽·赫本

40.

“投资包”

Investment Bag

“投资包”，也就是值得投资的名牌包。它们往往会花去你几个月的薪水，而你丝毫不会觉得羞愧（或者你本就不应该羞愧），因为这种包，一个几乎可以用一辈子，永不过时，而且时间越久越值钱。它将永远和50年前首次亮相时一样让人爱不释手，50年后如果你的孙女看到它，小心她会趁你不注意顺手牵羊哦！如果你真的想花钱收藏一款名牌包包，我的建议是，投资以下几种包款，一定物超所值：

- Chanel 2.55
- LV Speedy 系列
- Gucci Jackie O（贾姬包）
- Hermès Birkin（伯金包）

如果你知道这几款包，你将会发现其他所有包包的设计都是在它们的基础上进行改造的。下面我来分别介绍一下它们：

Chanel 2.55

这是可可 · 香奈儿女士创造的永恒的经典，以金属与皮革相互缠绕的链条和双 C 图案锁扣为最显著的特征。你在挑选这款包时多半会选择最经典的黑色小牛皮设计，但是它是最初的原创款，所以不妨也关注一些在其后设计出的具有多样材质和流行色彩的新型包款。

fashion 101

Chanel 2.55 的由来

Chanel 2.55 包于 1955 年 2 月首次亮相，因此这款出自香奈儿女士之手的经典包款被冠名为“2.55”包。它的所有设计细节——从内衬到链条式肩带——无不透射出香奈儿女士的个人特色。内衬采用褐色绸面里布，正是香奈儿女士在她年幼时期被抚养的奥巴辛修道院中所穿的制服颜色。2.55 包的前面翻盖内有一个设计了拉链的隔层，这是她用来放情书的地方；而后翻盖的隔层则是她用来随手放零钱的位置。由金属与皮革交织而成的平滑的链条式肩带是香奈儿女士最为得意的细节之一。虽然这种设计在当时的奢侈品中极为少见——因为它将女性的双手释放出来——但香奈儿女士认为，这样丝毫无损女性散发优雅气质。

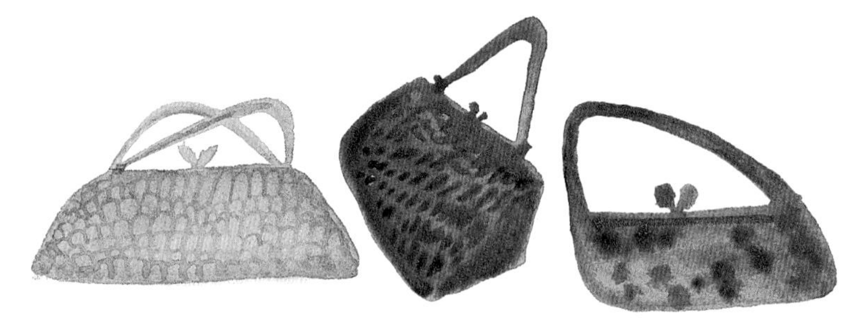

女性必备两样东西：品位与美丽。

——可可 · 香奈儿

LV Speedy 旅行包

自 1933 年一面世，Speedy 系列就成为 LV 产品中最受追捧的经典包款。有人称它为“医生手提包”，因为它的外形和医生手提的药箱十分相似。该系列中最经典的款式就是印有 LV 字母纹样的款式，同时该系列中也有皮革质地的纯色款式和格纹款式。Speedy 包一共有 3 种不同的尺寸：Speedy25（25cm × 19cm × 15cm）、Speedy30（30cm × 21cm × 17cm）和 Speedy35（35cm × 23cm × 18cm），最受欢迎的是 Speedy30[110]。

fashion 101

如何识别假 LV？

LV 皮包一直以来都是仿冒品泛滥，因此，在挑选二手皮包时，你需要非常谨慎。有一些细节需多加注意：真的 LV 包上，L 和 V 两个字母永远是交叠起来的，而且它的皮革的色泽饱满，包包整体拎起来有厚重感。大多数情况下，通过仔细观察皮革的质量就可以分辨真伪。如果实在担心买到假货，你还是乖乖地在专卖店中买一手正品吧！

Gucci “贾姬包”

由于肯尼迪总统遗孀杰奎琳 · 奥纳西斯对它的钟爱，这款“乞丐包”得以迅速扬名。由于她在任何公开场合都喜欢背着这款米黄色双肩带的包款，时尚女郎们便如潮水般涌进 Gucci 的店铺，向店员点名要购买“杰奎琳 · 奥纳西斯背的那款包包”，于是，该品牌最终将这款包命名为“贾姬包”。2006 年，这款包更名为布维尔 111，并始终保持着“最受欢迎投资包”的尊贵地位。和 Chanel 2.55 包一样，不要只关注该系列最经典的款式，新近设计的带有多重颜色、图案和金属材质的款式也值得尝试。

Hermès Birkin 包

Birkin 包一直以其大容量和高价格成为包包界最具实力的偶像。它被编入歌词，甚至被拍成电视片，几乎人人都知道它。因为过于受人们欢迎，Birkin 包采取全球定制的方式，每定制一款，购买者平均需要在等候名单上排上两年之久，这种充满折磨的购买方式甚至导致有些疯狂粉丝不择手段地想要得到它。

fashion

Birkin 包的由来

Birkin 包的设计灵感源自时任 Hermès 总裁让・路易斯・杜马和法国女星简・伯金在一次飞行中的相遇。1981 年的一天，由于装得过满，简・伯金手包中的东西滑落到杜马先生旁边，这让他有了一个灵感。3 年之后，Hermès 参照 1892 年的一款包包设计出 Birkin 包——它的内部空间更大，设计更贴合与简・伯金一样年轻时尚女士们的生活方式。具有讽刺意义的是，伯金女士后来停用了这款最初为她设计的包，因为她觉得这款包太重了，会危害到她的健康。

我告诉 Hermès 他们设计这款包就是个错误。我的包里总是装满了东西，沉得要命，最后……我得了肌腱炎。

——简・伯金

41.

iPod

最初，iPod 只是作为实用型数码产品被设计出来，如今它却成为风靡全球的时尚单品。全世界的地铁上和校园操场上，随处可见这对醒目的白色耳机。（多后悔我没有买入苹果公司的股票啊，否则现在买鞋的经费早就翻了几番！）每一次 iPod 有新的款式推出市场，商店里都挤满了试用的顾客，有些狂热粉丝甚至不厌其烦地在机身上贴满施华洛世奇水晶，或者选购由著名设计师设计的款式。这当然无可厚非。不过，iPod 本身已足够说明一切，而你的音乐播放列表也最好能够配上它的品位！

真正的时尚达人可能会有一个这样的音乐播放列表（前者为歌名）：

- *Fashion*，戴维 · 鲍伊[112]
- *Supermodel* (*You Better Work*)，鲁保罗[113]
- *I'm Too Sexy*，莱特 · 赛义德 · 弗雷德[114]
- *Dress You Up*，麦当娜
- *Glamorous*，菲姬[115]
- *Rich Girl*，格温 · 斯特凡尼与伊夫[116]
- *Girls in Their Summer Clothes*，布鲁斯 · 斯普林斯廷[117]
- *Blue Jean Baby*，埃尔顿 · 约翰[118]
- *Leather Jackets*，埃尔顿 · 约翰
- *She's a Rainbow*，滚石乐队
- *Girl in a T-Shirt*，ZZ 托普乐队[119]
- *Lady in Red*，克丽丝 · 迪伯格[120]

- *Sunglasses at Night*，科里 · 哈特[121]
- *Imelda*，马克 · 克诺普夫勒[122]
- *Raspberry Beret*，普林斯[123]
- *Diamonds on the Soles of Her Shoes*，保罗 · 西蒙[124]
- *New Shoes*，保罗 · 努蒂尼[125]
- *You Look Good in My Shirt*，凯斯 · 厄本[126]
- *Addicted to Love*（MTV 版本），罗伯特 · 帕尔默[127]
- *Freedom*（MTV 版本），乔治 · 迈克尔[128]

除了沉默，音乐最能表达无以表达的情绪。

——奥尔德斯 · 赫胥黎[129]

J
K
L

42.

牛仔裤

Jeans

总有人问我："什么牛仔裤最好？"每次听到这个问题，我总是很恐慌。因为答案每天都在变，而我，天啊，真的不知道哪条才是今天的最佳牛仔裤。为什么？因为我发现一种一定要将牛仔裤分出三六九等的心理已经把我们将双腿随意塞进一条蓝色牛仔裤里的美好心情给完全破坏了。"你穿的是什么？你不能再穿那条牛仔裤了！你需要买一条'本周明星牛仔裤'！"这种说法太好笑了。世界上最简单随意的一种服饰居然就这样成为了令万千女性头疼的问题。难道我们也需要一家牛仔裤评级机构吗？不要让这些问题困扰到你，事情其实很简单：选一条合身的牛仔裤，然后让它发挥作用，不用管它是何种品牌。对于牛仔裤，合身才最重要。牛仔裤的精神就是民主。穿上牛仔裤，做回你自己吧！

牛仔裤是贡多拉之后上帝创造的最美造物。

——黛安娜·弗里兰

牛仔裤逸闻：

平均每个美国人拥有 8.3 条蓝色牛仔裤。

别对牛仔裤分类，对买牛仔裤的人分个类吧：

- 古典派：这一族群只购买 Levi's 501 系列和 Lee、Wrangler（威格）的经典款式。她们永远都在古着店里搜寻那些年代久远、已经被磨破的牛仔裤。这些牛仔裤似乎已经被她们穿了 20 多年。她们最在乎的就是牛仔裤的制作年代。
- 新潮派：她们像关注股市涨跌一样关注牛仔裤潮流。如果你想知道近期最流行的牛仔裤品牌是什么，尽管问她们，她们连口袋的设计都记得一清二楚。她们还会告诉你，上周最流行的牛仔裤品牌是什么，以及下周的明星将会花落谁家 [她们通常会选择 Earnest Sewn（欧内斯特 · 素恩）、True Religion（真实的信仰）和 Diesel（狄塞耳）等流行品牌]。
- 欧洲派：她们只穿欧洲大牌设计的牛仔裤，比如 Gucci、Prada 和 Versace（范思哲）。
- 环保派：她们只会购买全程环保制作的牛仔裤品牌，如 Rogan（罗根） 和 Edun（伊顿）[130]。

我不知道什么时候地壳会发生裂变，但是我知道如今买牛仔裤已经成为一件令人压力重重的事。但是，只要你意识到，牛仔裤最重要的意义不在于品牌或花费，而在于合身程度，在于你穿上它的感觉，以及你转身走开时它塑造出的臀部和腿部线条。

牛仔裤穿搭要领
你就是“牛仔宝贝”

我们都曾经历过这样的场景：站在试衣间里，好容易把第10条牛仔裤生拉硬拽到臀部以上，然后货柜小姐在外边喊：“这条您觉得怎么样？合适吗？”这时，你恨不得冲出去掐住她的脖子让她闭嘴。但是你没有，你试着调整好情绪，透过门缝叫她再拿更多的款式进来。不光要你的尺寸，还有大一号和小一号的。终于，在试到第20条或者第30条的时候，你才找到了满意之选。那一条几乎完美，虽然在细节的地方还需要稍微修整一下，但是绝大部分都几乎天衣无缝。

- 不要因为某个品牌的牛仔裤售价不菲就去买它，也不要因为某个好友或者明星“向你发誓”：某个品牌的牛仔裤绝对适合你，而相信他们。任何一个品牌都不可能适合所有人。
- 尝试弹力紧身牛仔裤，露出你完美的腿部线条，它会让你焕然一新。
- 除了经典的蓝色牛仔裤，白色和黑色牛仔裤也是不错的选择。
- 即便非常合身，也不要把牛仔裤买回去就穿。带着它去好裁缝那里细致地修剪。没有一条成品牛仔裤能完全贴合你的身形。
- 尽可能多尝试一些品牌、款式和尺寸，最终你就能找到完美的那条。

fashion 101

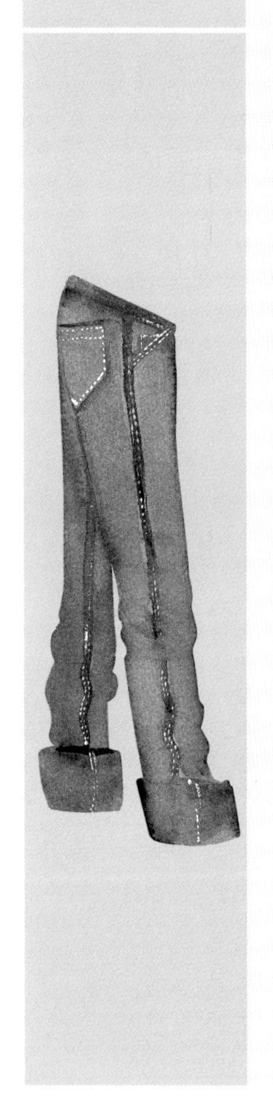

牛仔裤的经典，从一个10年传递到下一个10年：

- 1853年：美国加利福尼亚州的“淘金热”中，众多矿工希望拥有一件经久耐磨的工作服。于是，利奥·施特劳斯[131]采用一种来自意大利热那亚地区的帆布制作工作裤来满足人们的需求。
- 20世纪30年代：当美国西部片中的演员们开始在银幕上穿着牛仔裤时，也引燃了银幕之下人们的追捧热潮。
- 20世纪40年代：世界大战期间，美国士兵穿着牛仔裤深入欧洲腹地，从而使这种美观耐用的服饰逐渐在欧洲流行开来。
- 20世纪50年代：牛仔裤成为青少年叛逆的代言（回忆一下詹姆斯·迪安在电影《无端的反抗》中的造型），受到好莱坞电影和大牌明星的引导，牛仔裤迅速在年轻人中掀起一股流行风潮，以至于当时美国部分学校禁止学生在校园内穿着牛仔裤。
- 20世纪60~70年代：牛仔裤成为当时流行的嬉皮士生活方式的标志，并且开始出现在牛仔裤上涂鸦、刺绣，画上夸张图案的新现象以及喇叭裤的新款式。
- 20世纪80年代：牛仔裤开始进入上流时尚圈，著名设计师们纷纷开始制作自己品牌的牛仔裤，并在上面打上自己的品牌标志。
- 20世纪90年代：由于年轻人拥有了卡其裤、紧身运动裤和工装裤等新的选择，牛仔裤销量下滑严重。虽然仍有许多年轻人喜欢牛仔裤，但他们中很多人开始去古着店或二手店淘磨旧的牛仔裤。这个10年内，有11家Levi’s工厂关闭。
- 进入21世纪：牛仔裤强势回归。时尚T台上、店铺中以及时尚杂志的版面上，牛仔裤无处不在。如今有更多的牛仔裤样式和品牌可供选择，而最古老的款式已经成为Levi’s的专属了。

43.

首饰包

Jewelry Pouches

无可争议的旅行必备品。每位时尚女性都应当拥有多个丝质或天鹅绒材质的首饰包，以防首饰在旅行中丢失、损坏或者互相缠在一起。每个珠宝商店都可以买到首饰包，你也可以用包装高档名酒的布来自己制作首饰袋。相信我，一直以来，女孩们都在向酒保们索要皇冠威士忌的紫色绒布包装袋，所以你大可不必害羞。除了保存首饰，这些包装袋还可以用于保存皮鞋、太阳镜或者零钱。

有了珠宝，人们马上就忘掉皱纹了。

——索尼娅·赫尼[132]

44.

卡其裤

Khakis

如今，这种用棕褐色的斜纹织物制成的裤子和它的完美搭档——Polo衫一样，成为了学院风的经典代表，但它同时也是一场又一场时装秀的常客。它们可以很正式（想象一下用卡其色马裤搭配学院风小西服），也可以很休闲（想想黛安娜·基顿[133]在电影《安妮·霍尔》中的扮相：起皱的斜纹卡其裤搭配白色Hanes T恤）。如果不想穿牛仔裤，那么卡其裤将是喜欢休闲风格的你最好的选择。

fashion 101

“来自大地的财富”

卡其裤发明于19世纪的印度，“卡其”在印度语中的意思是：大地之色。在当地驻扎的英国士兵认为在酷热和风沙中不宜穿着白色的裤子，于是用咖啡和咖喱粉将裤子染成了卡其色。这种颜色和布料后来被用于制作英国和美国的军队制服，并且逐渐为上流社会和学院派接受。

45.

及膝皮靴

Knee Boots

在20世纪60年代之前，皮靴是男士的专属，女士们只会在潮湿或寒冷的天气里穿靴子，但这与时尚无关。直至20世纪60年代，当玛丽·匡特一剪刀剪出了迷你裙之后，安德烈·库雷热[134]用及膝皮靴迎合了她的天才设计，于是，女人的腿部开始进入人们的关注视野。当裙子不断变短，皮靴相应逐渐加长（有的甚至长至大腿），毫无争议地成为了女性解放的标志之一。迄今为止，长靴仍旧保留了它对于性感与女性力量的诠释，尤其在让男性低头示弱时，过膝长靴扮演了强有力的角色。

长靴历史上的经典时刻

在电影中

- 1968年：简·方达在电影《太空英雌芭芭利娜》中的造型。
- 1997年：希瑟·格雷厄姆（美国著名影星）在电影《王牌大贱谍》中的造型。
- 电影《霹雳娇娃》系列中的主角造型。

在歌曲中（前者为歌名）

- *These Boots Are Made for Walking*，南希 · 西纳特拉
- *Kinky Boots*，帕特里克 · 麦克尼（美国男演员）以及霍诺尔 · 布莱克曼[135]。
- *Don't Go Away Go Go Girl*，美国另类朋克乐团“The Mr. T Experience”。

长靴穿搭要领
蹬上长靴走起来

- 长靴中的百搭款是长度刚好到膝盖以下的，以此搭配长度刚好在膝盖以上的短裙，效果最佳。
- 如果你希望造型更为大胆，买一双过膝长靴；如果想要打造摩登式（mod）装扮[136]，一双长度到小腿中部的靴子将是合适之选。
- 如果用及膝长靴搭配迷你裙，最好穿上黑色紧身裤袜。

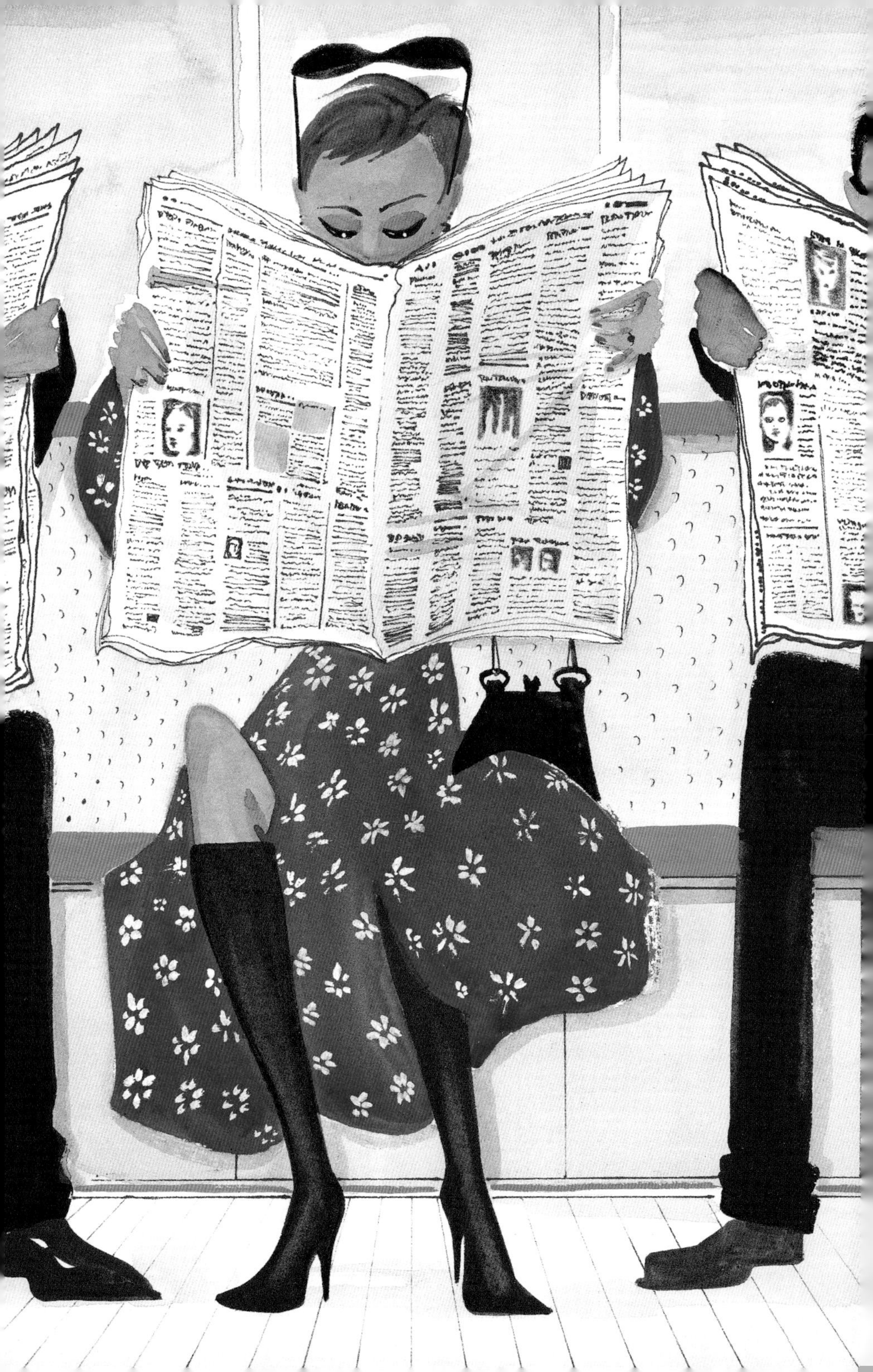

46.

皮裤

Leather Pants

皮裤，这是一种充满性感与野性特质的服饰。它紧贴身体曲线，穿上它就如同马上要登上摇滚舞台一样，预备好让人们为你而疯狂。皮裤最好的搭配是一份自信的心态，最好再加上一点点坏。想想滚石乐队主唱米克·贾格尔穿着皮裤在台上唱着他“永远无法得到满足”（这一点我从不相信），或者蓝尼·克拉维茨[137]在台上歌颂着某个让他魂牵梦萦的美国女人（这个我绝对相信）时的造型。翻看琼·杰特[138]、黛比·哈丽[139]、麦当娜、贾尼斯·乔普林曾经的造型，她们都是皮裤的拥趸，且个个都用一脸满不在乎、活力四射的自信将皮裤穿出了自己的神韵。由此看来，皮裤似乎天生就是为个性自由粗犷、舞台形象性感劲爆的摇滚歌手定制的服饰。但实际上，人人身上都藏着摇滚的小宇宙，所以赶紧准备一条适合自己的皮裤，等待着有一天你的摇滚小宇宙爆发吧！

可以模仿的“皮裤偶像”

- 吉姆·莫里森[140]
- 米克·贾格尔
- 蓝尼·克拉维茨
- 安吉丽娜·朱莉
- 琼·杰特
- “猫女”[141]

我最爱的皮裤品牌

- Chrome Hearts：高级皮裤制造品牌。
- Lost Art：专业皮裤定制品牌，蓝尼 · 克拉维茨所穿的皮裤大多出自该品牌。

皮裤穿搭要领
摇出你的摇滚小宇宙

- 试试比你平日穿的尺寸小一号的皮裤，因为皮革一般会有弹性。
- 不要穿紧到让你喘不过气来的皮裤。穿皮裤是为了展示你的腿部曲线，而不是阻断你的血液循环。
- 皮裤的设计要尽量简洁，任何像蕾丝或者铆钉之类的装饰只会有损皮裤的质感。
- 不要用皮衣搭配皮裤，除非你想骑着摩托车去飙车。

我爱摇滚，往点唱机中再投一枚硬币吧，亲爱的……

——琼 · 杰特与黑心乐队

47.

贴身内衣

Lingerie

贴身内衣可不仅仅指文胸和三角内裤。除了这两项最基本的内衣，每位女性都会因为想达到某种效果而需要其他的内衣品种。甚至可以毫不夸张地说，有时候，贴身内衣决定你整体造型的成败。它们可以为你提升自信，增加你的性感指数（比如你睡前换上的丝质贴身睡裙），或者为你的整体装扮发挥实用性功能（例如在裙子下面加一件丝质衬裙可防止走光）。

我知道很多女性都有满满几大抽屉的漂亮内衣，但是如果要我选择，我会推荐给大家以下 4 款必备单品：

- 贴身背心：用来搭配小西装外套或者夹克衫，效果不错。
- 丝质衬裙：穿在过于薄透或者过于贴身的裙子里面，防止走光，也可修饰线条。
- 丝质睡裙：如果你不想穿着普通的棉质睡衣或睡袍，它会是让你觉得性感度倍增的完美单品。
- 丝袜：让男人为之疯狂的标志性性感单品。忘掉各种情趣用具吧，你只需要一双完美的丝袜就足够了。

如果你穿了一套自己觉得“美极了”的内衣，
就不用担心今天的回头率了！

——埃勒·麦克弗森[142]

48.

小黑裙

Little Black Dress

在通常情况下，最完美的小黑裙会在不经意之间与你相遇。如果你铆足了劲儿一定要“在今天下午找到一条完美无缺的小黑裙”，抱歉，你通常都会失望而归。但是，往往在你前去和闺蜜享受一顿慵懒的周末早午餐的路上，无意间一回头，它就会出现在街角某间店铺的橱窗里。你会不惜一切代价买下它，它可能来自于H&M，也许是Alaia。价格不重要，因为时尚界有自己的价格计算规则：价格除以穿着次数的结果才是“时尚价格”。一件出色的小黑裙可以让你穿上数十年，数百次。

小黑裙选购要领
小黑裙回归

- 挑选你能找到的最好材质的小黑裙（并不是所有因素都和价格一样无所谓），不要选择过于紧身或者过于闪亮的材质。
- 把小黑裙看成一幅空白的油画而不是已经完成的作品，它需要你用配饰精心搭配。
- 小黑裙不与保守同伍。它需要大胆（甚至是冒险精神）的点缀：超细高跟鞋、风格夸张耀眼的珠宝等等。你需要用小黑裙和配饰散发出你的所有魅力。
- 记住：设计简洁的服饰之所以总能成为时尚界长盛不衰的经典，

原因在于它们永远懂得掩饰自己，而突出穿着者的美。所以，放心地用小黑裙让你闪耀吧！

- 很多人认为每位女性都需要一条小黑裙。但我认为，至少两条。
- 确保你穿着小黑裙还能跳舞，所以放弃过紧的款式。

---

fashion 101

小黑裙的由来

正如我的第一本书《我的风格小黑皮书》中所写，时尚界公认小黑裙是可可·香奈儿女士于1926年创造的。尽管在此之前也有小黑裙，但是它们大多只具有实用性功能，例如参加葬礼等庄重的场合，它的时尚性直到20世纪20年代才被香奈儿女士挖掘出来。因此，我们需要将小黑裙的一切荣耀都归功于她。当然，她本人一定会认为这是理所当然。她会告诉我们，她比任何人都更早发现小黑裙所蕴含的时尚能量，她也许是对的。在香奈儿女士制作最初的一批小黑裙时，当时最负盛名的时装设计师保罗·普瓦雷走到她身旁，指着她的作品说："夫人，请问您做的这件礼服，是要为谁哀悼？"她面不改色地回答："为您，先生。"她当然知道自己在说什么。

我们还得感谢香奈儿女士为小黑裙命名——她在批评自己的对手埃尔莎·斯基亚帕雷利时说："和设计小黑裙比起来，谢赫拉查达[144]的把戏太简单了。"

很明显，香奈儿女士决不允许任何人小看自己。这也是为什么在多年的研究和思考之后，我要在此诚挚地感谢她。的确，小黑裙也许在香奈儿女士之前就存在多年，但是真正让它的时尚意义超越单纯的用于庄重场合的实用性的人，正是香奈儿女士。在此，我感谢她为时尚界作出的这一卓越贡献。

小黑裙历史大事记

- 1961 年：奥黛丽·赫本（这还需要再提醒吗？）在电影《蒂凡尼的早餐》中穿着的那件永远的——纪梵希小黑裙。
- 1972 年：冬青树乐队[145]（The Hollies）的歌“*Long Cool Woman in a Black Dress*”（“穿着小黑裙的高个酷酷女孩”），歌名已经说明一切。
- 1986 年：罗伯特·帕尔默最负盛名的金曲“Addicted To Love”音乐录影带在 MTV 音乐台播出，其中有大量世界级名模身着各种小黑裙出镜。整个世界——尤其是时尚界为之沸腾。
- 1986 年：雪儿[146]身着美国著名时尚设计师卜麦琪为其设计的一套惊艳的小黑裙出席当年的奥斯卡颁奖典礼（“你看，我的确收到了一份奥斯卡典礼节目单，不过是关于如何装扮得像个真正的演员的。”）这款小黑裙风靡了很长一段时间，从而也证实了小黑裙本身所包含的丰富的时尚内涵。
- 1994 年：伊丽莎白·赫尔利[147]身着一袭仅用别针固定、造型十分大胆的 Versace 小黑裙参加电影《四个婚礼和一个葬礼》的首映礼。自此，她一炮而红。
- 1994 年：查尔斯王子于电视上公开承认了与卡米拉之间的婚外情，当晚，戴安娜王妃穿着一条露肩小黑裙高调出席画廊派对。

- 1996 年：U2 乐队发布单曲“*The Little Black Dress*”，并在歌词中大赞小黑裙的魅力：“她穿着小黑裙款款而来，像一个纯真的孩子带着一把枪……”
- 2006 年：电影《蒂凡尼的早餐》中的经典小黑裙在拍卖会中以 46.7 万英镑的天价售出。

“有了小黑裙，就没有其他衣服的位置了。”

——温莎公爵夫人华里丝 · 辛普森

49.

小白裙

Little White Dress

很遗憾，小白裙并未像小黑裙一样获得如此多的厚爱。但是，每位女性的衣橱中也应当有一件小白裙。否则，当你从海滩度假回来之后，穿什么来展示自己傲人的小麦色肌肤，来赢得大家艳羡的目光呢？小白裙的魅力往往被低估——它是服装店中被人遗忘的英雄。实际上，它既是夏日当仁不让的最佳选择，也很适合在冬季穿着，因为你可以向人们展示你不屑于遵守那条古板的穿衣法则——“劳动节之后忌穿白色”。穿白裙时最好不要点带有红色酱汁的食物或红酒。因为一旦它们被撞翻，那可就不仅仅是意外事故，而是彻头彻尾的灾难了。

小白裙穿搭要领
用小白裙点燃黑色夜晚

- 选择金色、银色或者裸色鞋款与小白裙搭配。
- 用金蛇造型的颈链、设计夸张的臂环或者超大鸡尾酒戒指与小白裙本身的清纯气质碰撞出更多的时尚火花。

她穿着一条白裙。手里撑着白色阳伞。
她没有看见我。
而我看了她一秒钟。
但从此之后，便难以忘怀。

——电影《公民凯恩》中的台词

50.

L. L. Bean 手提袋

L. L. Bean Tote

在 20 世纪初，女士们最大的包就是手袋。而如今，我们恨不得把整个家都放入手提包中——这让每周一次的臂部和肩部按摩成为必要，也使得 L. L. Bean （宾恩）手提袋成为必需品。因为，正如该品牌所宣称的一样："它将是你能买到的最结实的手提包。"相信我，他们没有夸大其词，这款包什么都能装。在听到它的价钱时，我更是直接冲进店铺。L. L. Bean 手提袋发明于 20 世纪 40 年代，最初是用来装冰块和木柴的。我以个人名义证实，它"结实"的美名确实"名至实归"：带入公园的数瓶香槟，夏日阅读书单上的所有书，在海滩上度假一日所需的全部零食、防晒油和沙滩玩具，27 本时尚杂志（其中包括双月刊），一台笔记本电脑以及无数折角的文件，等等，你通通可以放入。

L. L. Bean 手提袋逸闻：

第一款 L. L. Bean 手提袋在 1944 年发明之初是用来当作运冰的工具包的。

L. L. Bean 手提袋选购要领
一包在手，环游全球

- 强烈推荐在家中不同地方多放几个 L. L. Bean 手提袋，你会不断地发现它的妙用。
- 购买带有品牌标志字母印花的款式。
- L. L. Bean 手提袋有四种尺寸型号，最大的型号最受欢迎，也是我最为推荐的。
- 这款手提袋还有一种超大尺寸的，日常生活中不太能用到，但是如果你需要装少量的木材、冰块或者酒，我推荐你购买这种型号的。
- 如果你想选购较为高端的款式，建议购买外部为真皮的，划痕会比较不明显。同时保证内衬材质足够强韧耐久（牛皮或者小羊皮），并且在包的底部有大颗金属铆钉或立脚起到保护作用。除此以外，背带要足够舒服。

无论性格、举止、风格乃至其他一切，简洁是最大的优点。

——美国诗人亨利 · 沃兹沃思 · 朗费罗

51.

旅行箱

Luggage

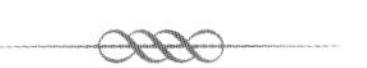

幸运的人总能一次买全一整套旅行用品，没有这个运气的人只能一件件积累了。从小的手提箱开始买（这会保证你不会带太多行李），直至最后买到满意的大行李箱（它必然导致你装过多行李）。配套的露营包也很重要：可以当作在外露营或者周末用的手提包。

我最爱的旅行箱品牌

- Kate Spade[148]（凯特·丝蓓）、Coach：这两个品牌旗下的款式均带有令人愉悦的色调及精致而富有情趣的设计。
- Samsonite[149]（新秀丽）、Tumi[150]（塔米）：经久耐用，安全可靠。
- Globe-Trotter[151]（漫游家）：酷劲十足的英国手工箱包品牌。为摇滚歌星等大牌客户提供高级定制服务。
- T. Anthony LTD[152]：最著名的是带有品牌标志字母印花的系列，也是温莎公爵一家的最爱（他们一共拥有118只旅行箱）。
- Ghurka[153]：如果你准备去狩猎旅行（或者为你那喜欢户外运动的男友准备一款礼物），推荐该品牌。
- Longchamp[154]（珑骧）：堪称完美的旅行箱。该品牌同样生产可折叠手提袋，正好放入旅行箱中，带回旅行所购商品。
- Goyard[155]（戈雅）：该品牌的行李箱价格昂贵，且因为全球仅有为数不多的几家专卖店铺，极难购买。但是如果你能够支付得起，它绝不会辜负你的期望。

- LV：时尚中人大爱之选，且有年头的款式更佳。
- 自有品牌：Barneys（巴尼斯）等高档百货精品店中通常可以找到造型别致，价格相对令人愉快的旅行箱款式。
- 大众款黑色尼龙旅行箱：同样，如果你不想花大价钱，普通的黑色尼龙旅行箱也是不错的选择。买来之后再用多彩的饰珠和粘胶打造专属于自己的个性化造型。

旅行箱选购要领
行李也疯狂

- 最好选购表面有醒目品牌标志字母印花的款式，以便你在机场的行李传送带上一眼就看到它。
- 旅行箱中必备品：黑色羊绒高领毛衣、内衣、牙刷、浴衣、化妆包，以及所有的珠宝（也许还需要比基尼，这取决于你的旅行目的地）。

“如果一个女人的旅行箱中没有化妆品、衣服和珠宝，那她一定是去医院。”

——格雷丝·凯利在电影《后窗》[156]中的台词

M
N
O

52.

救急钱

Mad Money

救急钱指的是你在钱包或者手袋的秘密夹层里多放进的那张50美元的现钞。你最好把它放进去，然后，忘掉它，直到有紧急情况出现的时候再把它翻出来。而且，一旦你花了它，记得在原处再放进一张。

“救急钱”是一位名叫霍华德·J·萨维奇的学者在美国著名女校布林茅尔学院发表的一篇关于美国俚语的文章里提到的。他将其定义为“当女孩希望甩掉后面的一群护卫者或者追随者时，用来紧急打车的钱”。而我则把它定义为“当女孩和约会对象吵架之后希望独自回家时，用来紧急打车的钱”；或者是“当她在古着店看中一条小黑裙、一款手提包或者一枚鸡尾酒戒指，而店铺又不能刷信用卡时可以动用的救急的钱”。

53.

男士白衬衫

Man's White Shirt

和之前提到的男友的羊毛开衫一样，这一款最好也是从男友或者老公衣橱中“偷”来的，虽然在男装店你也可以找到不错的款式。白衬衫与男人的组合只能打造出朴实、简洁甚至保守的形象，但是一旦它被穿在女性身上，一切就开始起化学反应了。它是一夜风流之后的最好暗示，虽然这不一定真正发生，但是白衬衫就是能让人脑中浮想联翩。这就是为什么一位穿着男士白衬衫的女士会让其他女人心中微微泛酸，而让男人为之疯狂。注意，这件白衬衫一定要是如假包换的原版男式衬衫（或者至少与之非常相似），那些改过腰线、剪裁得更加贴合女性身材的女士白衬衫会完全抹杀那份难得的潇洒和性感。

我最爱的男士白衬衫品牌
随便哪里都可以找到好的白衬衫

- Brooks Brothers（布鲁克斯兄弟）：该品牌提供最好的免烫男士白衬衫。
- Gap：该品牌制造的白衬衫与它本身一样经典。
- Target：趁店铺内还有现货时多买几件。
- “你心爱的另一半”品牌。

男士白衬衫选购要领
白色情怀

- 与男士衬衫的板型越接近越好。
- 珍珠纽扣、式样新奇的纽扣和包扣统统出局。
- 最好的纽扣材质是珍珠母（或者至少看起来像是）。纽扣要用十字针脚缝在厚实的双层开襟上。
- 永远只选基本款，经典的棉布或者亚麻材质最佳。

男士白衬衫在银幕和红毯上的经典形象

- 1953 年：奥黛丽 · 赫本在电影《罗马假日》中的造型。
- 1956 年：伊丽莎白 · 泰勒在电影《巨人传》中的造型。
- 1990 年：朱莉亚 · 罗伯茨在电影《风月俏佳人》中的造型。
- 1994 年：乌玛 · 瑟曼在电影《低俗小说》中的造型。
- 1998 年：莎朗 · 斯通出席第 70 届奥斯卡颁奖礼时的造型。

54.
玛丽 · 简斯鞋
Mary Janes

玛丽 · 简斯鞋所带有的可爱洛丽塔（lolita）风格，出自美国著名小说《洛丽塔》的女主人公形象，这种代表娇嫩、鲜艳的风格是它得以风靡全球的重要原因。几乎每个女孩童年时期都穿过它，但是当它被加上了尖头和高跟，就变得完全不同了。穿上它可以让你在瞬间化身为甜美的性感尤物，引发无数惊呼："好可爱哦！"当然还有："简直美呆了！"

时尚界每一季都会推出新的玛丽 · 简斯鞋款，最值得推荐的品牌是 Manolo Blahnik、Christian Louboutin。同时，缪西娅 · 普拉达在每一季的展示会上也会推出新的鞋款。但是，如果你想买一双物有所值的玛丽 · 简斯鞋，我推荐 Manolo Blahnik 尖头细高跟的鞋款。它从面世以来就引发了无数人的追捧，如今要买一双非常难，是公认的最棒的玛丽 · 简斯鞋款。

玛丽 · 简斯鞋逸闻：

20 世纪 20~30 年代，由于裙子不断变短，人们的注意力也开始放到鞋的款式上，于是玛丽 · 简斯鞋开始流行。它不仅款式优雅，而且穿着跳舞十分方便，这让它最终成为了当时女性的必备鞋款之一。

玛丽 · 简斯鞋选购要领
搭扣式风情

- 经典的黑色皮革款式当然最佳，但为什么不试试天鹅绒或者动物图纹的款式呢？
- 玛丽 · 简斯鞋可不是“可爱”的代名词。尝试一些尖头的、超高跟的鞋款，也许还可以带些铆钉设计。你会看到，在甜美之外，它别具魅力。
- 搭扣绑带越细越好，这样就不会切断从腿部到脚背的整体线条。

fashion 101

玛丽・简斯鞋的由来

玛丽・简斯鞋得名于一部名为《巴斯特・布朗》的连载漫画中的人物——玛丽・简斯。穿着搭扣圆头女鞋穿梭于漫画场景中的女主角的名字顺理成章成为该鞋款的名称。而玛丽・简斯在漫画中的哥哥——巴斯特・布朗同样拥有一款以他的名字命名的鞋款[158]。

你知道这些是什么吗？
Manolo Blahnik 的玛丽·简斯鞋。
我一直觉得它们是都市鞋款中的神话！

——卡丽·布拉德肖[159]

55.

迷你汤卡软皮鞋

Minnetonka Moccasin

软皮鞋代表的时尚是一种不张扬的风格。它永远能够凸显你轻松自然的一面，低调而随性，是经典的休闲鞋款。无论是长筒靴还是低帮鞋款都非常值得一试。强烈推荐用简洁的T恤和铅笔裤来与之搭配，或者干脆像时尚偶像凯特·莫斯一样用牛仔短裤来搭配它，但永远不要在穿它的时候穿袜子。如果想要打造一种“我完全没有用心打扮”的闲散而有型的形象，软皮鞋绝对是必备之选。如今无数品牌已经推出了众多新的鞋款，但是最受欢迎的仍旧是最经典的款式。

软皮鞋逸闻：

软皮鞋前段的饰珠设计最初是用来表明穿着者是属于哪个部落的。

fashion 101

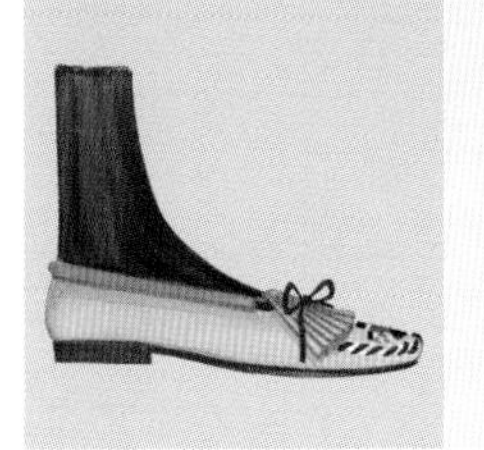

Minnetonka Moccasin 的由来

Moccasin 在英文中是“印第安软皮鞋”的意思，而这款软皮鞋的确是美洲原住民穿了几百年的鞋款。但是直到 20 世纪 40 年代，这种鞋才开始进入城市居民的视野。第二次世界大战之后，美国的城市居民从印第安原住民的居留地中买到这种鞋，由于其优质的性能和外观，不断有人前来购买，且一买就是很多双。由此，软皮鞋逐渐成为打造休闲装扮的经典必备鞋款。

在我对某个人作出判断之前，
先让我穿着他 / 她的软皮鞋走上 1 英里。

——印第安原住民中的谚语

56.

米索尼针织服饰

Missoni Knit

每当一位时尚女郎从 Missoni（米索尼）的店铺中走出，定会受到从四面八方汇聚过来的艳羡目光的洗礼。这种场景几乎每时每刻都在发生。之后，艳羡者们会走近她，好看清楚这一次 Missoni 又动用了多少种奇妙的图案、缤纷的色彩和繁复的织物材质在这件衣服上。Missoni 当之无愧可被称作是美的代名词，它将直条纹和 Z 字形条纹混搭，用棉和皮毛混搭。羊毛、人造纤维、亚麻、丝绸与花朵图案、几何抽象图案相互混搭，充满了无尽的想象力，这种富有特色和艺术感染力的色彩、图案与式样的混搭使它闻名于世。在 Missoni，一切都有可能。这也是该品牌为全世界时尚人士所熟知、认可以及崇拜的原因所在。

在 Missoni，有些款式会让你一见钟情，难以忘怀，而且，它永不出错。它们无可取代，并且永不贬值。你当然也可以买其他品牌的针织裙，但是你能够保证它们在 10 季、20 季甚至 30 季之后仍旧不过时吗？而 Missoni 针织裙就可以做到这一点。

当被问及 Missoni 品牌最完美的作品是什么时，该品牌创始人之一罗西塔 · 米索尼女士说：“是我们的设计理念。从开创这个品牌伊始，我们就始终坚持认为，一件衣服就是一件艺术品。这是我们一直坚信的理念。”

我在穿着 Missoni 品牌的服装时，的确能深切感受到它非凡的艺术性。我相信所有的时尚女性都有理由在穿着华服时，和我一样享受到满足和惬意。

fashion 101

Missoni品牌的由来

1953年，泰·米索尼[160]和新婚妻子罗西塔·米索尼在意大利创立了Missoni品牌。这对夫妇相识于1948年伦敦奥运会，泰·米索尼为当年的意大利代表队制作了运动服，而当时罗西塔正在家族办的针织品工厂工作。他们在伦敦温布利区相遇，并于5年之后结为连理。他们开创了这个品牌——将罗西塔的针织专长与米索尼对于色彩和图像的天才想象力结合起来。他们的生意在1967年遭遇困局。那一年他们受邀前往佛罗伦萨碧提宫[161]举办发布会。在发布会即将开始前的几分钟，罗西塔突然让所有模特脱掉文胸，因为它们从极薄的上衣中透出来，影响了衣服的视觉效果。于是，T台上所有的上衣在强光的照射下几近透明，令观者和媒体一片哗然。因此，他们未能得到第二年参加发布会的邀请。

如今，Missoni品牌仍旧和当时一样充满令人惊叹的艺术气息。这个品牌从未失去它在趣味和青春活力上的探求。也许因为它仍旧保持了家族企业的身份，一代又一代年轻的家族成员得以走上台前，为该品牌持续注入新鲜气息。该品牌第二代传人安杰拉·米索尼如今是该品牌的掌舵者，而她的女儿玛格丽塔是意大利最具时尚感的青春偶像，如今她也正带领着这个家族的品牌和传统走向未来。

57.

私人定制文具

Monogrammed Stationery

如果我收到的信是写在一张印有写信人名字首字母的信纸上，我一定会把这封信或者这张便条贴在我的公告栏上。因为，在这个人们已经习惯于发送只有一行的电子邮件和只有三个字母短信息的时代，在这个人人都在用手机编辑“idk my bff jill”[162]这样让人摸不着头脑，但所有人都懂其意思的时代里，手写书信显得尤其珍贵。真正的名流都会在印有自己姓名首字母的信纸上写信，这使得一张手写的便条——即便是最朴实无华的便条——也比电子邮件的含义更为丰富。

不要误解我的意思。我并没有排斥电子邮件，相反，我非常喜欢使用电子邮件，它代表了我们所生活的时代。我喜欢听到黑莓手机发出“叮”的一声，然后发现我的一位老朋友刚刚给我发了一行字的邮件。但是想想看，一封经过慎重考虑的信——遣词造句字字用心，句句完备——被工整地写在一张抬头印着写信人姓名首字母的个人专属信纸上，还有什么比这更时髦呢？

当之无愧的衣橱焦点
私人定制文具品牌推荐

我最爱的个人专属定制文具品牌有：

- Mrs. John L. Strong（约翰 ·L· 斯特朗先生）：1929 年创立于纽约的顶级奢华文具品牌，以极致华贵的手工制作文具著称。它新近推出的“亟待书写”系列主打年轻时尚群体。我是该品牌的忠实热爱者。
- Crane & Co.（克兰公司）：该品牌从 1801 年创立以来，一直秉承绿色环保的制作理念，所生产的精美文具均用 100% 棉纸手工制作。该品牌拥有多种风格的文具系列，因此你可以从中随意挑选充满现代感或者古雅气质的款式。该品牌中还可以找到以简洁而充满时尚感著称的 Kate Spade 系列。
- Smythson of Bond Street[163]（邦德街上的斯迈森）：创立于 20 世纪早期，是英国最重要的高品质文具制造商之一。除了生产带有个人印花图纹的文具之外，该品牌也提供高级文具个人定制镶边服务。如果你想体验高端定制带来的尊贵感，该品牌是你的不二之选。

你无法真正了解一个女人，除非你收到她的书信。

——埃达 · 莱福森[164]

58.

机车夹克

Motorcycle Jacket

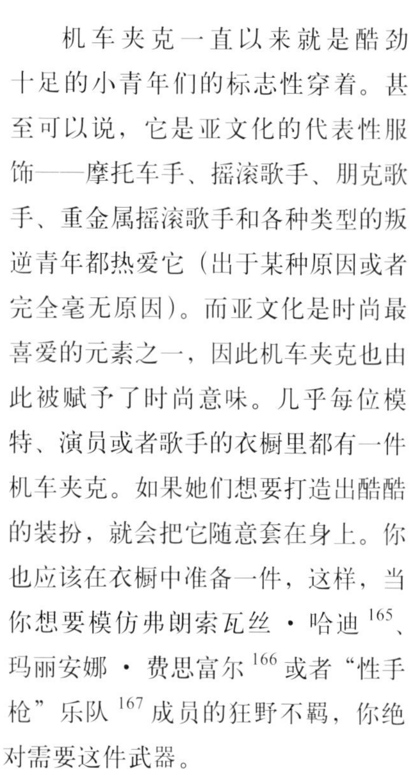

机车夹克一直以来就是酷劲十足的小青年们的标志性穿着。甚至可以说，它是亚文化的代表性服饰——摩托车手、摇滚歌手、朋克歌手、重金属摇滚歌手和各种类型的叛逆青年都热爱它（出于某种原因或者完全毫无原因）。而亚文化是时尚最喜爱的元素之一，因此机车夹克也由此被赋予了时尚意味。几乎每位模特、演员或者歌手的衣橱里都有一件机车夹克。如果她们想要打造出酷酷的装扮，就会把它随意套在身上。你也应该在衣橱中准备一件，这样，当你想要模仿弗朗索瓦丝·哈迪[165]、玛丽安娜·费思富尔[166]或者“性手枪”乐队[167]成员的狂野不羁，你绝对需要这件武器。

机车夹克穿搭要领
吼出你的叛逆和狂野

- 为了避免让你看上去像 20 世纪 80 年代的人，在选择机车夹克的时候，记得一定要选纯黑色，且皮质不能过于闪亮和廉价，只有皮质优良的夹克才能与摩托车融为一体。不要选择有双排纽扣或者胸前有交叉图纹的款式，它们会妨碍你展露充满叛逆的一面。
- 尺寸非常重要。选择大几号或者小一号的，或者干脆从男生那里“偷”来一件。机车夹克与“合身”理念格格不入。
- 磨旧款最佳。古着店是理想的购买场所——几乎所有最棒的机车夹克都藏在洛杉矶的古着店里[168]。
- 用最常穿的那些单品去搭配机车夹克——铅笔裤、短裙、牛仔裤或者牛仔裙。同时也要敢于用铅笔裙或者紧身背心等性感指数特别高的单品搭配它。如果要打造一款充满法式风情的造型，就用海军条纹裹胸、铅笔裤和平底鞋来搭配机车夹克。但是不管怎么穿，尽量少戴珠宝。要知道，狂野的机车女郎的装扮和珠宝可配不到一起！

我最爱的机车夹克品牌

- Rick Owens[169]（瑞克·欧文斯）：近年来在时尚界出现的“酷设计”品牌。该品牌制造的超薄机车夹克极具阴郁的哥特气质，是时尚中人的新宠。设计师欧文斯为他的作品作出了最佳诠释：“我将我的设计比作在一间摆满皮革的酒吧中坠入爱河的弗兰肯斯坦与嘉宝。”
- Topshop（热门店）、H&M、Forever21（永恒的21）：这几个品牌均有价格相对低廉的机车夹克出售。如果你为了某一次出镜演出急需一件机车夹克，这些品牌的连锁店都是你可以信赖的选择。请尽情地在表演中展示你的叛逆吧！
- Alexander McQueen（亚历山大·麦奎因）、Balenciaga、Comme des Garçons（川久保玲）、Gucci：如果你在前面两类品牌中都无法挑到满意的机车夹克，这几个品牌是永远值得信赖的选择。它们每一季都会有新款的机车夹克推出，并且一定是经久不衰的款式。它们的价格也许让人望而却步，但是我敢保证，这项投资一定物超所值。

“你在反抗些什么，约翰尼？”
“关你屁事。”

——马龙·白兰度在电影《飞车党》中的台词[170]

fashion 101

机车夹克的由来
时尚感与功能性

机车夹克最初是为了保护摩托车手少受撞伤的功能而被生产出来的。最早的机车夹克品牌——Schott Perfecto[171]（肖特·佩费克托）在 1928 年制作了第一款机车夹克，并且最初以 5.5 美元的零售价格通过长岛的哈雷·戴维森摩托车经销商进行销售。它出色的耐用性和狂野的设计风格几乎一上市就征服了市场，成为整个摩托车手界备受欢迎的服装款式。

一件功能性的机车夹克上的每个细节都是出于实用性考虑而设计的：它所采用的皮革厚度都在 1 毫米以上，用于对摩托车手的身体进行保护；出于携带物品的考虑，夹克上设计了较多的口袋，在材质表面也进行了防雨雪的设计；背部设计带有一定弧度，方便摩托车手在驾驶时上半身前倾，减小风力阻挡；袖子经过立体剪裁，贴合人体曲线（肘部特殊设计，方便摩托车手在行驶时弯曲手臂）。而为时尚目的所制作的机车夹克与此完全不同：首先，皮革通常更薄，会因为视觉美观设计口袋（而不是实用性原因）；而且，袖子通常也没有经过合身的立体剪裁，等等。但是，只要经过精细的设计，这两种机车夹克都会是你展示叛逆不羁风格的绝好单品——无论是在飙车时或者在周五晚上俱乐部的舞池中。

59.

指甲油

Nail Polish

指甲油绝不能与平庸为伍，要么就涂艳丽大胆的猩红色，要么就涂淡得几乎看不出的粉色。如果你想要打造哥特式或者朋克摇滚装扮，黑丝缎色是必选，不要选择那些平常得毫无特色的色彩。此外，珊瑚色或者紫红色只能招惹麻烦。如果你无法决定选用什么颜色，那就用透明的指甲油吧！它会让你看上去洁净干练，而且妆容完整。

最受欢迎的四种指甲油分别是

- 红色：Chanel 的猩红色（在欧洲被称作“黑红”色）。这一款是我永远的挚爱。
- 淡粉色：Essie[172]（埃西）的“芭蕾舞鞋”色。极淡的粉色为女性打造出清新自然的魅力形象。
- 黑色：Chanel 的黑丝缎色，它的性感毫无争议。
- 透明色：OPI[173]（欧派）设计师系列基础护甲油。涂上它，呈现出利落大气的美感，穿什么衣服都没错。

fashion 101

指甲油的由来

指甲油最早出现在迄今已有 5 000 多年历史的中国。埃及王室也是很早就开始使用指甲油，他们用红褐色的指甲花涂抹指甲，并且根据指甲的颜色进行严格的等级区分。据称，古埃及涅菲尔蒂王后会将指甲涂抹成宝石红色，“埃及艳后”克里奥佩特拉则使用红锈色，（多时尚的王后！）而等级较低的女子只能使用非常淡的颜色。显然，如今的指甲油不再与“等级”和“地位”相关联，转而成为时尚品位与装扮智慧的体现——所以，在选择指甲油时动点脑筋吧！因为人们会根据它来判断你，至少我会。

60.

旧演唱会 T 恤

Old Concert T-Shirt

还有什么能比一件曾经穿去参加过滚石乐队、鼓击乐队[174]、披头士乐队、杀手乐队[175]演唱会，并且上面印有乐队标志的旧 T 恤更酷的呢？每个女孩一定都曾经穿过这么一件 T 恤——搭配牛仔裤甚至是礼服（庄重与随性风格的混搭在视觉上非常有冲击力），去参加自己最爱乐队的演唱会。但是，如果你从未听过某个乐队的歌，一定不要把印有他们标志的 T 恤穿在身上，这非常让人倒胃口。如果你要穿一件滚石乐队的 T 恤，至少你需要记得《令我满足》[176]（*Satisfaction*）这首歌的所有歌词吧！要想把任何一件乐队 T 恤穿出颓废有型的感觉来，你需要把他们的歌放在 iPod 里反复地听。

这是关于演唱会 T 恤（或者乐队 T 恤）必须遵守的穿着要领。一旦掌握，你就可以跟着乐队尽情地摇滚了！

演唱会 T 恤选购要领
跟着乐队一起摇滚

- 最好在演唱会现场购买。最好的时尚单品本身都包含着故事，有时候，现场就是一切。
- eBay 是第二选择。由于最好的演唱会 T 恤都是 20 世纪 60~70 年代的，这让 eBay 有时候成了最佳选择。

- 千万别忘了去古着店搜寻演唱会 T 恤。洛杉矶梅尔罗斯大道上有很多摆满了演唱会 T 恤的精品古着店。在纽约最负盛名的古着店之一“What Goes Around Comes Around”里也有丰富的选择。除此以外，我相信，就在你居住城市的二手店里，也会找到很棒的不同时代的演唱会 T 恤。所以，尽情挑选吧！

61.

连体式泳衣

One-Piece Swimsuit

在时尚界，性感有型的比基尼当然是大家的最爱，但是在有些场合，比基尼是无法胜任的，而连体式泳衣（更准确地说，是连体式紧身女士泳衣）则和小黑裙一样是永不出错的经典。它会使你的身材显得修长，对稍显臃肿的部位或者还未能晒成小麦色的部位起到很好的掩饰作用。而且，在感恩节和新年大餐过后的旅行中，连体式泳衣显然是更好的选择。哈哈，再勤奋的人也会时不时跳几次普拉提课程的。

连体式泳衣穿搭要领
跟着我挑选吧！

- 纯黑色是必备款之一。它会让你的身体看起来修长，充满优雅韵致。如果你能买到一条很搭的腰带，或者在你已有的腰带中挑选一条，整体效果会更好。
- 纯白色也会有极好的修饰效果，而且也是优雅沙滩装扮的必备品。但是在选购时要注意材料的质地，不要选择任何有透视效果的材质。
- 在非旅游季也可以选购连体式泳衣，这样就不用等到出发前的那个下午或者周末急匆匆地去店铺寻找合适的款式了。
- 我最推荐的高级设计师品牌的连体式泳衣信息，请参见本书

第 8 节比基尼的相关介绍。

当之无愧的衣橱焦点
Eres 连体式泳衣

Eres 品牌于 1968 年创立于法国，在那之后便有无数时尚中人从巴黎带回这些漂亮的泳衣。Eres 泳衣的最大特征在于所采用的极致轻柔贴身的材质。好的亲肤性使它们得到“第二层皮肤”的美誉。除此以外，高超的裁剪技艺会有效掩饰所有的身材缺陷，而时尚优雅的设计风格也令见者倾心。这也就是为什么当它的每一季新品面市之初，你就可以看到全球最当红的女明星们穿着它出入各种旅游胜地——这意味着该款式会在之后的几天内被一抢而空。好消息是，如今你再也不用攥着赶赴巴黎的机票去抢购属于你的 Eres 了——2000 年，Eres 在美国的第一家分店开张，从此美国女性不出国门，也可以享受到全球最优质的泳衣了。

P
Q
R

62. 睡衣

Pajamas

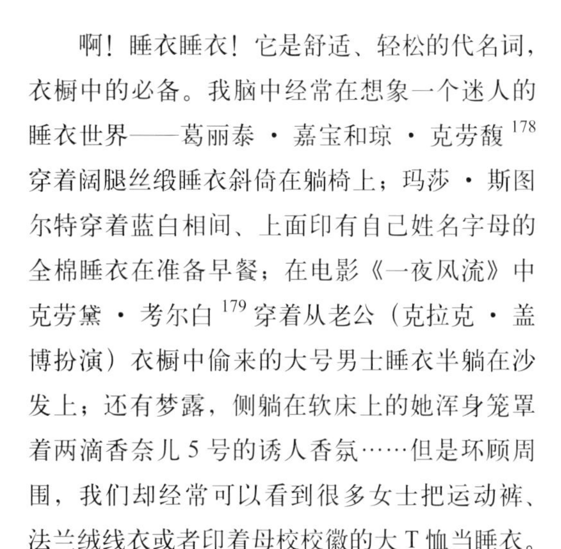

啊！睡衣睡衣！它是舒适、轻松的代名词，衣橱中的必备。我脑中经常在想象一个迷人的睡衣世界——葛丽泰·嘉宝和琼·克劳馥[178]穿着阔腿丝缎睡衣斜倚在躺椅上；玛莎·斯图尔特穿着蓝白相间、上面印有自己姓名字母的全棉睡衣在准备早餐；在电影《一夜风流》中克劳黛·考尔白[179]穿着从老公（克拉克·盖博扮演）衣橱中偷来的大号男士睡衣半躺在沙发上；还有梦露，侧躺在软床上的她浑身笼罩着两滴香奈儿 5 号的诱人香氛……但是环顾周围，我们却经常可以看到很多女士把运动裤、法兰绒线衣或者印着母校校徽的大 T 恤当睡衣。我知道有人会争辩说，运动裤和大学 T 恤很舒服。真的吗？有什么能比一套真丝、缎面或者纯棉的睡衣更舒服呢？

我最爱的睡衣品牌

- 上海滩[180]丝质睡衣：一家在香港创立的奢华服饰品牌。该品牌制造华美的传统中式睡衣，同时在设计中加入了让人惊艳的明亮色彩，形成东方风情与西方时尚的完美碰撞。
- Frette[181]（弗雷泰）男士睡衣：该品牌是意大利高端服饰家居品牌，所制造的男士与女士睡衣系列以优质的面料与高雅的品位著称。
- Olatz Schnabell[182]（欧拉兹 · 施纳贝尔）棉质睡衣：该品牌只采用生长于埃及的优质棉花，它运用大胆鲜艳的色彩制成的睡衣让人疯狂——只在卧室里穿真是太委屈它们了。但是，还是请你不要把它们穿出门到处炫耀，那简直是场时尚的灾难（当然，除非你是艺术家兼电影制作人朱利安 · 施纳贝尔）！

"现在，为了让你相信我没有变心，
我把我最好的一套睡衣送给你。"

——克拉克 · 盖博对电影《一夜风流》
中的妻子克劳黛 · 考尔白说

63.

海军外套

Peacoat

冬日的小镇里，人气最旺的地方，经常会走过来一位穿着海军外套的女孩，她的气质低调而随意。当你问她在哪里买到这件海军外套的时候，她会告诉你，是在海军装备商店淘到的二手货，最多只要70美元。你会惊呼一声，然后掉头就奔去她所说的店里寻找属于你的款式。

是什么让海军外套如此风行？我认为是它赋予我们的简洁利落的气质和它本身所具备的强大的实用性功能。它的最大特征是采用温暖厚实的羊毛材质、双排扣的设计以及大颗纽扣（上面有船锚标志的最好）和功能性设计的超大翻领。实际上，英国人和荷兰人早在300年前就发明了海军外套，并且在发明之后一直作为各国海军和探险家们的标志性服饰。所以，可以毫不夸张地说，它的魅力经得起岁月的考验。

海军外套选购要领
哪里才能找到我要的那件海军外套?

- 海军装备商店是最理想的购买场所。如果有条件，尽量去那里买。
- 如果你想去其他地方，也可以买到。从 H&M 到 YSL 都制造改良版的海军外套。但是尽量挑选和原版接近的设计，越接近越好，因为它将保证你的选择永不过时。
- 确保你挑选的海军外套的材质比较硬挺。如果材质较软，你就永远没有立起华丽大翻领的机会了。在我眼里，那可是整件外套最大的亮点了。
- 尽量选择经典的颜色——海军蓝、黑色、灰色或者橄榄绿。其他颜色的海军外套会让你看上去像是外星来客。
- 海军外套不要选择剪裁过于贴身的，而要选尺寸稍微大一些的，穿在身上才能展现飒爽英姿。

海军外套的由来

海军外套在英文中的名称是 Peacoat，它最初来源于荷兰语中的 pij 一词，这是用来制作海军外套的布料的名字。

珍珠项链逸闻：

- 1916年：著名珠宝商卡地亚的第二代传人之一——雅克·卡地亚卖掉了一串华美的双股人工珍珠项链，并用得来的钱为卡地亚品牌买下了位于纽约曼哈顿岛的店铺。
- 1996年：杰奎琳·奥纳西斯的一条原价仅为80美元的仿珍珠项链在拍卖会上拍得211 500美元。

64.

珍珠项链

Pearl Necklace

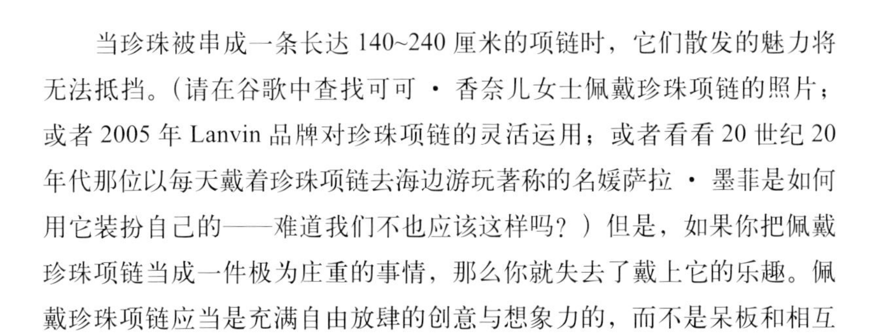

当珍珠被串成一条长达140~240厘米的项链时，它们散发的魅力将无法抵挡。（请在谷歌中查找可可·香奈儿女士佩戴珍珠项链的照片；或者2005年Lanvin品牌对珍珠项链的灵活运用；或者看看20世纪20年代那位以每天戴着珍珠项链去海边游玩著称的名媛萨拉·墨菲是如何用它装扮自己的——难道我们不也应该这样吗？）但是，如果你把佩戴珍珠项链当成一件极为庄重的事情，那么你就失去了戴上它的乐趣。佩戴珍珠项链应当是充满自由放肆的创意与想象力的，而不是呆板和相互攀比的标志。所以，用极为薄透的紧身背心和超高跟鞋来搭配珍珠项链吧！或者用廉价首饰和粗机车手链与它混搭出复杂的个性魅力。珍珠项链的真假不重要，重要的是，不要在戴上它以后目中无人。

我最爱的珍珠项链品牌

- MIKMOTO[183]（御木本）：如果有足够的钱，该品牌的珍珠项链最值得购入。
- Lanvin罗缎珍珠项链系列：这些用丝滑的绸带连接起来的珍珠项链美得令人窒息。光这一个系列，就在2005年将之前星光渐渐暗淡的Lanvin品牌重新拉回时尚聚光灯下。
- eBay，或者你所在地的珠宝饰品店都是不错的选择，可以挑选一些造型别致的仿制品。
- 我最爱的珍珠项链是由那些形状不完美的异形珍珠串成的，而且，这些珍珠的颜色各异，而不是常见的白色。

65.

铅笔裙

Pencil Skirt

铅笔裙可以迅速打造出黑色电影中散发致命诱惑的性感尤物形象。在包裹着铅笔裙的那些完美的身体中，你可以感受到一种难以言表的力量。除此之外，铅笔裙还有一个特征：它可以在完全不裸露的状况下将你的腿部曲线展露无疑。多么神奇！铅笔裙是将女性气质和力量感融合得最完美的服饰之一——它为你打造出一种充满力量的性感，而这正是我们最想从一条裙子上获得的品质。聪明的时尚女性当然不会错过这样的奇迹，她们用铅笔裙包裹着性感风韵的身体，脚蹬绚丽的高跟鞋，用最具个性的脚步自信满满地走在街头，为所经之处引起的羡慕和骚乱暗自窃喜。

尽管服饰本身无法成就女性，
但是它们会赋予女性由内而外的自信，
从这一点来说，我认为，服饰成就了女性。

——玫琳凯·艾施[184]

铅笔裙选购要领

- 铅笔裙的长度一定要刚刚好在膝盖上方或者膝盖下方。
- 它和超高高跟鞋搭配最能呈现完美的腿部线条。
- 高腰款铅笔裙能使身材显得更加修长。
- 选择贴身而不过分紧身的款式。
- 选择背面开衩的款式，否则走路或者坐下都会很困难。
- 稍带弹力的面料会让穿着更舒适，行动更自由。

N°5
CHANEL
PARIS
PARFUM

66.

香水

Perfume

香水是一种魅力无穷的武器。它可以在一瞬间将你带回到过去的某个场景——数年前的夏日假期、海滩嬉戏、甜蜜初吻或者曾经沧海的旧情人身边。

有些女性有日间和夜间的专用香水，有些则在每一季更换新的品种。有些人会不断尝试新推出的名人香水品牌，而有些则从 16 岁开始就专注于同一款香水。

我个人认为，最好选择一款带有你个人特色的香水，然后一直用下去。当有一天你的旧情人走进电梯，闻到这一袭专属你的气息时，他会记起曾经与你经历的一切……

不抹香水的女人没有未来。

——可可 · 香奈儿

当之无愧的衣橱焦点
恋上女人香

以下是历经时间考验的经典香水款式：

- Santa Maria Novella（古龙水）：作为全球最古老和最被珍爱的香水制造品牌之一，它创立于1221年的佛罗伦萨，旗下最受欢迎的香水款非Acqua di Colonia（帕尔马之水）古龙水莫属。它的西西里柑橘伴随果香、迷迭香、马鞭草及保加利亚玫瑰等气味的香氛，以充满活力的典雅气质被誉为“皇后专用古龙水”。该款香水也因为专为法国皇后凯瑟琳・德・美第奇调制而成为名噪一时的传奇香水。
- Fracas（晚香玉香水）：这是由法国时装设计大师罗伯特・皮耶特于1948年推出的香水。它持久而富有诱惑力的香氛让一代又一代名流深深为之倾倒（其中包括麦当娜、玛莎・斯图尔特和索菲亚・科波拉）。
- 所有品牌的男士古龙水：许多身为世界级时尚偶像和性感尤物的明星以惯用男士香水著称（例如性感巨星安吉丽娜・朱莉、20世纪90年代最负盛名且拥有以自己名字命名内衣品牌的超模埃勒・麦克弗森，以及《时尚》法国版主编卡琳・洛菲德）。
- Chanel 5号：无须任何理由。

Chanel 5号逸闻：

全球每30秒就有一瓶Chanel 5号被售出。

fashion 101

Chanel 5 号的由来

1920 年，香奈儿女士产生了推出一款新香水的想法：“我想为全球女性制作一款与众不同的人工香水。对，我就是在说‘人工’，就像设计师们用手工缝制的衣服一样。我不想模仿山谷中的玫瑰或者百合的香气，我希望的是一种前所未有的混合香氛。”有此创意之后，她任命曾经是沙皇御用调香师的“名鼻”恩尼斯·鲍为她制作这款开时代之先的香水。在研制出来的六款香水样品中，香奈儿女士选择了第 5 号。于是，这个香氛传奇开始了。Chanel 5 号是世界上第一款采用了大量人工合成花香香精和乙醛配方的香水。在人造香精使用之前，人们需要反复涂抹大量香水才能保留身上的香气，而 Chanel 5 号成为第一款留香期较长，可以持续整晚而无须重复涂抹的香水，因此，它的出现引发了全球女性近一个世纪的疯狂追捧。

我们应该在哪里喷香水？
在任何你希望被亲吻的地方。

——可可·香奈儿

67.

白色T恤

Plain White Tee

我最爱Hanes的白色T恤，它们虽然价格低廉但质量上乘。近年来，白T恤的流行风潮经历了巨大化：用白T恤搭配蓝色牛仔裤的潮流开始卷土重来，而且，新的T恤设计品牌层出不穷。时尚中人开始乐于追逐层出不穷的各种“潮”牌：“这个品牌在哪里生产？巴西还是中国？”或者“它看起来有多旧？”最近的白T恤风潮的确是这样（虽然最流行的品牌每周都在换）——越轻越薄越好，而且一定要有做旧设计，充满古着气息。我喜欢那些材质轻薄的窄身白T恤，而且我承认，有时候也会买一些“本周最流行品牌”的白T恤，但是我从不为那些休闲、玩酷风格的品牌着迷。我始终最爱我的Hanes。因为对白T恤来说，简单比什么都重要。

我最爱的白T恤品牌

- Hanes：经典的基本款，是价格低端的完美打底衫。
- James Perse[185]（詹姆斯·佩尔斯）：该品牌也许正是引发高端T恤追捧热潮的品牌。它所生产的T恤拥有优良品质与低廉维护成本的双重优势，是T恤品牌中的佼佼者。
- Adam + Eve[186]（亚当与夏娃）：该品牌提供颜色丰富的T恤款式。我最喜欢的是水洗系列，看上去好像被太阳晒得过久而脱色。
- The Row[187]：该品牌选用质地轻盈的薄面料——有时候因为太薄

而需要叠穿多件。该品牌还会在T恤的尺寸和长度上大玩花样，是让装扮展现层次感的实用单品。

- Rick Owens（瑞克 · 欧文斯）：没有人比瑞克 · 欧文斯更善于打造随意而酷劲十足的装扮了。他的同名品牌设计出的T恤将完美贴合你的身体曲线，绝对物超所值。人们将该品牌的风格戏称为“垃圾风”（那也是极富魅力的垃圾吧）。
- Vince[188]（文斯）：该品牌制造的带有软纽扣的T恤是它的基本款之一，在2003年面世之后迅速成为标志性的美式服装。
- C&C California[189]：正如它的名字一样，该品牌的T恤完全传达了加利福尼亚式时尚：时尚中透着轻松舒适的休闲感，除了基本的中性色之外，还有其他丰富的颜色可供选择。

白T恤穿搭要领
它可不仅仅是一件T恤

- 注意领口不能太高，最好也不要太低。
- 永远不要穿过紧的T恤。稍微有些松松地挂在身上的效果更好。
- 用白色T恤搭配套装穿（其实它和任何外套都很搭）。
- 最重要的是，把白色T恤穿出不经意的松弛感。不刻意的时尚是所有女性应当学会的装扮招数。

我始终认为T恤在时尚界的地位至为重要，
堪比希腊字母表中的首尾字母。

——乔治·阿玛尼

68.

Polo 衫

Polo Shirt

Polo 衫又称马球衫，正如名字所显示的一样，Polo 衫最初是专为马球场上的运动员们设计的。之后，它逐渐在乡村俱乐部里受到喜爱。除此以外，Polo 衫（一定要把领子立起来）和卡其裤、牛津鞋成为大学预科生和性格乖僻而沉闷的学院精英们的习惯性穿着。当时尚中人开始将一切带有学院风和“极客”[190]气质的物品奉为潮流时，Polo 衫开始从乡村俱乐部走进都市人的视野。当然，如果要呈现出时尚感，不要被 Polo 衫本来的功能和穿着规则所束缚，而要遵循时尚世界的规则（任何一种原本专属于特殊场合或者特殊人群的服饰，在进入时尚界时都需要用新的规则进行包装，呈现其独特的时尚意义）。所以，不要再用 Polo 衫搭配卡其裤和牛津鞋了，而牛仔裤、马靴和最流行的夹克才是正确的选择。你也可以选择小一号的 Polo 衫作为上装（就像斯嘉丽 · 约翰逊在电影《迷失东京》中的造型一样）。或者，如果要用 Polo 衫搭配卡其裤，一定要弄得松松皱皱的才会有时尚感。如果单穿 Polo 衫，要想穿出模特的感觉，你要把它歪歪斜斜地吊在身上，露出一些仿佛不经意的杂乱。永远记住，留有缺陷的装扮方法才是打造专属于你的完美个性造型的捷径。

Polo 衫选购要领
走出学院风

- 尝试经典色（白色、海军蓝）和大胆的亮色（橘色、品蓝）。
- 可以尝试两件叠穿，在合适的人身上，叠穿的效果惊人的好。
- 小一号也可以纳入考虑范围，毕竟，贴身款可以突出曲线，如果让衣服堆在身上就显得邋遢了。
- 也可以考虑长袖的款式，虽然并没有太多人选择它们。在我眼里，它们甚至比经典款更显时尚。

fashion 101

经典 Polo 衫品牌 Lacoste

在 20 世纪 30 年代之前，网球场上的标准上装是机织布纽扣长袖衬衫，运动员在参赛时需要将长袖挽起。当时国际著名的网球选手热内 · 拉克斯特向该传统发起冲击，他请求朋友为他设计一种适合在赛场上穿着的短袖针织棉衫。而这款运动衫引入了之前仅在马球运动场上出现的 Polo 衫设计元素。由于拉克斯特拥有“鳄鱼”的绰号，因此设计者在这款运动衫的左前胸位置缝制了显眼的绿色鳄鱼标志。这是当时第一款在衣服上绣上品牌标志的服装款式。从此之后，这只“法国鳄鱼”就开始逐渐进入人们的视野和生活了。

当之无愧的衣橱焦点
著名的 Polo 衫品牌及其标志

- Lacoste[191]（法国鳄鱼）：品牌创立于 1933 年，是最早的时尚 Polo 衫制造品牌，以引发热议的绿色鳄鱼标志著称。
- Fred Perry[192]（弗莱德 · 派瑞）：以左胸前绣着的月桂树叶标志著称。
- Ralph Lauren：其品牌标志——一位正在挥杆的马球手深入人心。
- Rugby Ralph Lauren[193]（拉格比 · 拉尔夫 · 劳伦）：该品牌的大部分服装都绣有一个小橄榄球运动员标志、“RRL”的字母组合以及骷髅图案。

69.

几何印花图纹

Pucci

穿上带有几何印花图纹的服饰，你将会顿时化身为20世纪60年代的社交名媛——当时的媒体总在刊登她们穿着几何印花图纹服饰走上私人飞机的照片。她们永远不甘平凡，也不愿被时代和世俗束缚，她们深知走在潮流前端需要一点儿冒险精神。如今，她们的风光虽然早已不再，但是近年的印花图纹流行风刮得比以往任何时候都要猛烈。

如今，穿上知名设计品牌的几何印花图纹服饰会让你重现名媛们当年的风光。哪怕只用几何印花图案的丝巾在头发上或者手袋上做些点缀，你的周身也会散发出20世纪60年代名媛的贵气。如果你要的不仅仅只是点缀，那就选择印花长裙吧！它将永远是你夏日衣橱中的制胜法宝。当然，你不用每年都穿着它，最好中间隔上一两年。两年之后，当你从衣柜中将它翻出来重新穿上时，那种流光溢彩与你第一次穿着时相比毫不逊色。几何印花裙最迷人的地方在于，它永远都可以作为当季新品来穿。毫不夸张地说，几何印花永不过时。

优雅就是在品位中加入一点胆量。

——著名时尚杂志《时尚芭莎》前总编卡美 · 斯诺

几何印花图纹穿搭要领
哦！完美的几何印花图纹

- 如果你钟爱高级品牌设计的几何印花图纹，可以买该品牌带几何印花图案的围巾，这样价格品质两相宜。
- 在穿戴几何印花图纹单品时，注意不要搭配色彩和款式鲜亮的首饰，而应将全身的亮点保留给几何印花图纹。
- 最早的几何印花图纹服饰上都有设计师的手写签名。如果你有幸在古着店中发现这样的款式，要毫不犹豫地买下来，它们可是无价之宝。

fashion 101

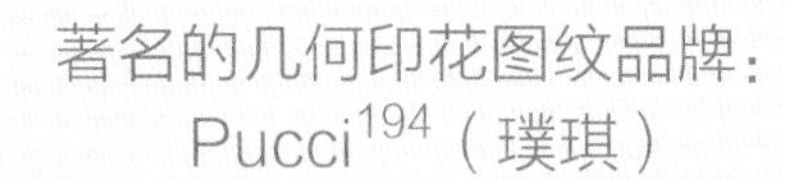

著名的几何印花图纹品牌：Pucci[194]（璞琪）

曾经是意大利奥运会滑雪队选手的艾米里欧 · 璞琪由于对市面上的滑雪服不甚满意，因此在20世纪40年代开始为自己与好友设计滑雪服。1947年的一天，当璞琪还在瑞士圣莫里兹滑雪时，著名时尚杂志《时尚芭莎》的一位摄影师请求拍摄他所设计的滑雪服。就这样，这些刊登在时尚杂志上的照片让璞琪误打误撞走进了时尚行业。20世纪50年代的时尚界充满了各种规则和壁垒，而偶然闯入的璞琪则大胆打破了死气沉沉的氛围，开始制作各种设计独特的真丝裙，并且将鲜艳丰富的色彩和充满艺术气息的几何印花图纹融入设计中。不久之后，他名声大噪，他所设计的几何印花服饰开始受到上流社会的青睐——因为这种个性鲜明、材质轻柔的服装特别适合旅行携带（每件几何印花真丝裙只有85~110克重，并且永久免烫）。那些习惯于在全球飞来飞去的女性们都成了该品牌服饰的拥趸。

70.

魔力文胸

Push-Up Bra

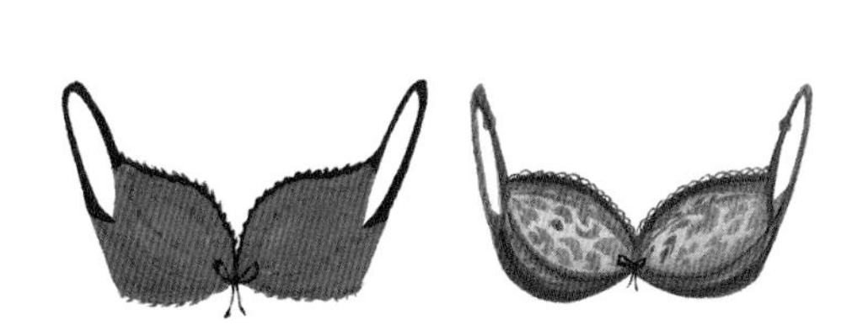

因为它能制造出完美胸型的神奇效果，魔力文胸得到全球女性的热烈追捧，并且被称为“20 世纪最杰出的发明”之一。聪明的女孩们懂得在什么场合让它发挥奇效——第一次约会时很好，在工作面试时就大可不必了。不过总的来说，无论什么场合，过多的暴露总是不好的，除非你是那种有意利用身体本钱飞黄腾达的女人。要懂得“少即是多”的道理。

当之无愧的衣橱焦点
魔力文胸品牌推荐

- La Perla[195]（拉 · 佩拉）：该品牌设计的华美文胸款式绝对值得购买和收藏。
- Kiki de Montparnasse[196]（基基德 · 蒙帕纳斯）：该品牌设计的文胸会赋予女性无穷的性感魅力。
- Agent Provocateur[197]（大内密探）：该品牌文胸为女性所增添的可不仅仅是性感。
- Victoria’s Secret[198]（维多利亚的秘密）：价格相对较为亲民的时尚内衣品牌，有丰富的款式和色彩可供挑选。

- Wonderbra[199]：具有无与伦比的魅力，拥有开启一切奇迹的神秘力量。

女士们，先生们，下面上场的是Wonderbra！

全球最著名的魔力文胸品牌：Wonderbra。

1994年，一款原本专为英伦乐队设计的文胸空降到美国，迅速引发了抢购狂潮。这款内衣是由英国著名内衣品牌Wonderbra设计制作。而后，Wonderbra品牌在美国创造了销售史上的一系列奇迹：第一批Wonderbra通过装甲车和豪华轿车运进纽约曼哈顿，展示该品牌文胸的模特们以及安保人员在一群群美国时尚女性的热烈欢呼和夹道欢迎中登场；在迈阿密，用来运送Wonderbra的是极为罕见的粉红色凯迪拉克轿车；在旧金山，人们采用缆车作为Wonderbra的运输方式；而在洛杉矶则干脆启用了直升机。

在全球，每15秒钟就能卖出一件Wonderbra魔力文胸，这项奇迹迄今仍令其他品牌难以望其项背。奇迹诞生的过程中也流传下来许多关于该品牌的妙语：

最棒的新闻标题：

《其实，我们也可以平静地谈一谈Wonderbra》

——《洛杉矶时报》

最棒的宣传语：

“看着我的眼睛，告诉我你爱我。”

最棒的名人认可：

我发誓，即便是我这样的身材，穿上Wonderbra也会有乳沟。

——凯特·莫斯

71.

品质上乘的香槟

Quality Champagne

马克·吐温曾经说过："任何东西过剩了总是不好的，唯独香槟，多多益善。"他这句话并不是针对时尚而言的，但是它完全适用于时尚界，难道不是吗？香槟是欢庆之酒，因此，无论何时，我们都需要储备几瓶上好的香槟，等待欢庆时刻的来临。无论场合盛大与否，我们都需要香槟，甚至在没有任何事情需要庆贺的时候，我们也需要来杯香槟。生命如此短暂，我们没有理由不为自己多准备几件华服，几瓶香槟，好庆祝那些转瞬即逝的美好。来，干杯！我想，没有人能拒绝那些芬芳四溢的泡沫吧！

我最爱的香槟品牌

- Moët Hennessy[200]（酩悦·轩尼诗）：该品牌创立于1743年，曾经是拿破仑、美国前总统托马斯·杰斐逊、英国女王伊丽莎白二世等王室贵胄的御用酒品。1987年它与全球著名奢侈品制造品牌路易·威登合并。（多么奇妙而卓越的组合！）
- MOET & CHANDON'S DOM PERIGNON[201]（香槟王）：这款香槟酒的得名源自它的创造者——唐·佩里侬神父。人们通常认为是他发明了香槟。据传他曾经说："快来吧！我正在与天上的星辰共舞。"这则传说无疑是后世编造的，但也不失为一个美好的传说（或者说是一杯让人心醉的香槟）。

女人的一生中总有那么一些悲伤的时刻——
唯有香槟才能卸下忧愁。

——贝蒂·戴维斯

72.

口红

Red Lipstick

没有什么能比一抹性感红唇更能传达好莱坞女明星的气质了。每一位女演员、模特或者时尚偶像都声称自己拥有不止一管口红。她们每一位都会告诉你，她们知道世上最好的口红是哪一款，因为她们曾经花费大量的时间在化妆品柜台，并且最终发现了它——Chanel 嫣红唇膏第 5 号（Red No.5）、M・A・C 赤霞珠口红（Ruby Woo）、Clilique[202]（倩碧）的天使红口红（Angel Red）、Cover Girl[203]（封面女郎）的正红色口红（Really Red）、Lancôme（兰蔻）的红色欲望柔润动人口红（Red Desire）、Anna Sui[204]（安娜苏）的魔幻蔷薇口红（Rouge Chine）、Mary Kay（玫琳凯）的红色桑纱口红（Red Salsa）、Elizabeth Arden[205]（伊丽莎白・雅顿）的潜逃口红（Slink）、NARS[206]（纳斯彩妆）的地狱之火口红（Fire Down Below）、Trucco[207]（特普科）的血红口红（Blood Red），等等。

是的，很显然，她们每一位都找到了最适合自己的口红。

但实际上，你还是需要亲自花一下午的时间去化妆品柜台挑选最适合自己的口红款式。因为挑选口红就和挑选最适合你的小黑裙或者牛仔裤一样，任何一款都不可能适用于所有人。在挑选口红时，肤色、嘴唇形状及厚薄、脸型都是十分重要的决定性因素。所以，你需要一款一款地试用，然后仔细看着化妆镜中的自己，与小黑裙和牛仔裤一样，你会知道自己挑选到了最适合自己的那一款。然后，你也可以告诉所有人，关于口红，你已经了如指掌，因为你知道自己手中的就是最棒的那一管。我也和你一样，我的完美款是 Chanel 嫣红唇膏第 5 号。

如果你没抹口红，抱歉，我无法同你交谈。

——“帽子女王”伊莎贝拉·布罗

如何正确选择口红

- 根据肤色选择合适的红色。肤色白皙的人应当选用底色中含有蓝色的口红；容易泛红的肤色应当与带有粉色的口红相搭配；橄榄色皮肤的人应当挑选底色中带有橘色、金色或者褐色的偏暖色的口红；深褐色皮肤的人选用紫红色口红最为完美。当然，在选购时，你需要仔细向柜台导购进行确认。
- 涂抹口红之后，就不应再强调脸部其他部位，鲜红的唇色已经足够表明一切。不要再用浓厚的烟熏眼妆或者腮红，那样会让你看起来像个小丑，而要让嘴唇成为面部唯一的焦点。
- 请确保你知道如何正确地涂抹口红。从某种程度上来说，这是一门艺术。你不能像涂抹其他的唇膏一样，在出租车后座草草了事，它需要你的专注和技巧。还是一样，与柜台导购小姐确认正确的方法，或者参考我在下面写到的要领。

美，对我而言，要么是素面朝天，让肌肤保持舒服的状态；要么就是抹上一袭冶艳的红唇。

——格威妮丝·帕特洛

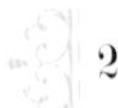

如何正确涂抹口红

- 在涂抹口红之前，先涂上一层润唇膏，再用唇部专业粉底霜打一层薄薄的底妆。
- 粉底霜干了之后铺上一层蜜粉，起到令妆效持久的作用。
- 然后，用与口红同色的唇线笔勾勒出唇形。不要划到你原本的唇线之外。
- 均匀地涂抹上薄薄一层口红。
- 努起双唇“啵”一下，一定要记得“啵”一下。
- 最后再涂上一层口红，便可以出门了！

73.
睡袍
Robe

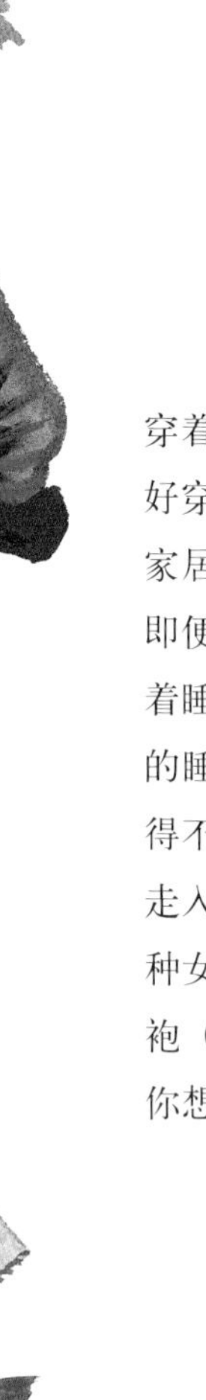

睡袍是沐浴之后或者早晨起床之后的经典穿着。如果哪一天你不小心被锁在门外了，最好穿着一件得体的睡袍。对于那些穿着睡衣或家居服也同样优雅的女性，我向来敬佩有加。即便她们把酒店房间的钥匙弄丢了，也可以穿着睡袍风度翩翩地走进大堂（除了睡袍，她们的睡裤和拖鞋也十分考究），丝毫不会让人觉得不雅或尴尬。如果需要的话，她们还会径直走入大堂中的酒吧。我多希望我们都能成为这种女性。真的，我们只需要一条品质高雅的睡袍（以及与之搭配的睡裤和拖鞋），一切没有你想象的那么难。

睡袍选购要领
你只需一件完美睡袍

- 最经典的睡袍材质有三种——棉布、羊绒以及丝绸。不要选毛巾布材质的，绳绒线的更是千万要避免。
- 在选购丝质睡袍时，选择设计简洁的款式。不要带有任何的花朵图案、蕾丝或其他设计元素，否则你看上去会像位精神病患者。
- 同样，男士睡袍是打造性感形象的又一法宝，它会让看见你的人浮想联翩。
- 可以考虑在唐人街选购质量上乘的丝质和服作为睡袍，和服上是可以带有花朵图案的。
- 绝对不要穿过大的毛巾布睡袍，它会让你看上去瞬间增肥 18 公斤！
- 哪里可以买到好的睡袍？（请参见本书第 62 节：睡衣）

披上锦袍，戴上凤冠，我的内心燃烧着欲望之火。

——选自埃及艳后克里奥佩特拉在莎翁名剧《安东尼与克里奥佩特拉》中的台词

74.

猎装夹克

Safari Jacket

直至今日，猎装夹克依然能让人们想起旧日贵族在非洲狩猎的情景。这也是为什么，时隔 50 多年，猎装夹克仍然是最受人们追捧的时尚单品之一。我爱极了它打造出来的帅气形象——就像伊夫·圣洛朗的缪斯女神文罗斯卡[208]一样。谁不想让自己看起来像是在肯尼亚的大草原上狩猎呢（即便她们只是在去星巴克顺便喝杯咖啡的路上）？无论时尚风潮如何转变，猎装夹克始终都是 T 台最爱的款式之一。哪怕有一两年它的风头暂时被盖过，但也一定会在不久之后强势回归。

无论何时，都要知道如何区分优雅和势利。

——伊夫·圣洛朗

猎装夹克选购要领
来一场盛大的狩猎游戏吧！

- 谨慎选择最初的设计款式。不要去乐趣旅游集团[209]（Abercrombie & Kent）挑选真正用作探险旅行的猎装夹克。你应当选择已经经过改良的时尚款式：更短的袖子、下摆和更贴身的剪裁。
- 如果你想显示自己是位时尚达人，那么别叫它“猎装夹克”，叫萨哈里宁（Saharienne）夹克吧——这是伊夫·圣洛朗最初将猎装夹克改装搬上时尚舞台时对它的称呼——“瞧，我对这些时尚典故简直了如指掌！”
- Michael Kors 和 Banana Republic[210]（香蕉共和国）是百试不爽的选购地点。
- 由于与生俱来的粗犷与力量感，最好选择带有柔美色彩的单品与之搭配。
- 是小西装的完美替代品。

fashion 101

猎装夹克：从丛林登上 T 台

猎装夹克的历史几乎要追溯到 19 世纪初，这款原本专为狩猎制作的服饰受到英国军官们的青睐——他们将它作为在热带地区的习惯性衣着。20 世纪 60 年代，这种功能性的服饰得以登上时尚舞台，并且经由伊夫·圣洛朗的大师级改装，散发出摄人心魄的时尚气息。1968 年，伊夫·圣洛朗推出了他的首个夹克时装秀，并在此展示了第一批成熟的猎装夹克时尚改装版设计。同年，超模文罗斯卡的男友拍摄了一张她以超短裙、磨旧的帽子和一条束在胯部的腰带搭配猎装夹克的照片，迅速在全球引燃了人们对于猎装夹克的追捧热潮。于是，从此之后，猎装夹克成为了全球女性衣橱中的必备单品。

75.
凉鞋
Sandals

我认为每位女性必备两双夏季凉鞋：一双白天穿的休闲款，一双用来参加夜间各种场合的华丽款。角斗士鞋是日间款不错的选择，风格别致，且造型感十足（虽然有些季节穿它会显得有点突兀）。低帮角斗士鞋是时尚界长盛不衰的单品，而过膝角斗士鞋则每次都在流行一段时间后就销声匿迹（请在谷歌中查找玛丽·凯特·奥尔森穿着过膝角斗士凉鞋的图片）。金属色凉鞋几乎能很好地契合所有夜间场合的需要。金属色调的平底凉拖是低调场合的上佳选择，而出席华丽的盛典时，高跟凉鞋则是你的必需品——金色或银色细高跟凉鞋是胜任所有场合的不二之选。

凉鞋选购要领
恋上你的美足

- 每一双凉鞋都需要像单鞋一样完全合脚——无论是脚尖、脚跟或者脚面，任何突出来的部分都会毁了整个脚部的视觉效果。
- 好好护理你的脚部，或者找好的修脚师帮你护理，这也是必需的。

当之无愧的衣橱焦点
著名凉鞋品牌一：K.Jacques

K.Jacques（K. 雅克）品牌创立于 1933 年，品牌创立者为雅克夫妇。该品牌的凉鞋极好地代表和诠释了法国圣托佩兹地区的特有风情。它的设计将休闲风格与精致造型相结合，将轻松闲适的地中海风汇聚于人们的脚上。时至今日，家族企业的性质和对制造地点的严格控制（只在法国制造）保证了它的优良品质。目前该品牌仅在圣托佩兹地区开有 3 家分店，除此以外，只在巴黎玛黑区有一家分店。同时，该品牌的产品可以在世界各地的高端百货商店或网络上购买。每一季的新品上架后，该品牌的鞋款会迅速成为明星和时尚达人的新潮装扮。如同休闲舒适的圣托佩兹风格一样，K.Jacques 凉鞋的经典风格也将经久不衰。

当之无愧的衣橱焦点
著名凉鞋品牌二：Jack Rogers

该品牌的纳瓦霍[211]（Navajo）凉鞋是颇受欢迎的沙滩和度假凉鞋款式。这款平底皮质凉鞋的设计灵感源自大受欢迎的鹿皮靴，它是由佛罗里达州一位修鞋匠为当地度假胜地——棕榈滩的高端百货商店设计的。这款鞋一经面世，就受到当地游客的青睐，继而在全球范围内掀起流行风潮。这款鞋的颜色和材质搭配应有尽有（几乎囊括了现有的所有制鞋材质——包括鳄鱼皮、小羊皮、短吻鳄鱼皮以及蟒蛇皮），品牌标志也由不同颜色的彩线曲折缝制而成。你可以买到高级定制款、印有品牌标志的款式、高跟或者平跟款——它们早已是杰奎琳·奥纳西斯、凯特·哈德森、丽芙·泰勒等明星夏日出行的必备款。

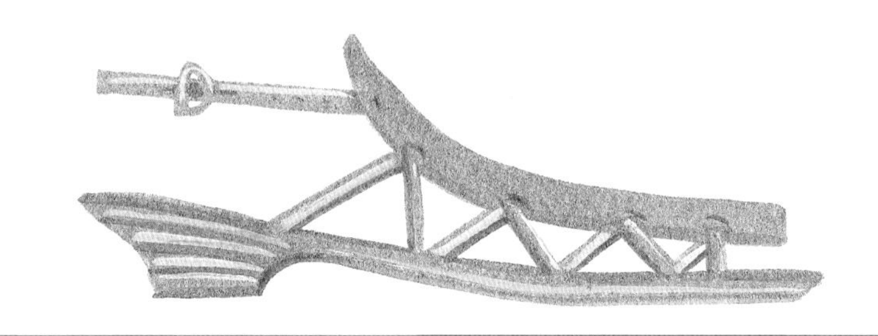

（让一双漂亮鞋子）带领你的双脚，
来到洒满阳光的街头。

——多萝西·菲尔兹[212]

76.

纱笼

Sarong

在沙滩上披着一件大浴巾晃来晃去，怎能比得上披一件色彩缤纷绚丽的丝质纱笼[213]呢？——棉布材质的也不错，它们让你凸显好身材，而且走在潮流前端。纱笼是沙滩或泳池边的必备饰品，你可以把它围在脖子上，或者围在腰间打个结，即使是当头巾或者披在身上当浴巾也都很不错。甚至，你可以把它当裙子穿，当披肩围，或者在需要的时候当包包提东西。那些深谙纱笼装扮技巧的女郎们知道在白天把它当作浴巾或者披肩，晚间把它在瞬间改装成一件绚丽的礼服裙，穿着去赴晚宴或者酒会。不太熟练的女性可以用一枚胸针来帮助你完成造型。你永远都不知道，纱笼能为你打造的下一个造型是什么，我们只知道，只要你有足够的创意，它的功能便无穷无尽。

去哪里买纱笼？

- 纱笼是马来西亚和印度等地人们的传统穿着，所以具有当地特色的民族服饰店应当是最好的选择之一。
- 如果你想要选择高端品牌的设计,Hermès和Eres是不错的选择。
- 法国品牌 Calypso（卡利普索）也提供上佳的纱笼款式，并且不像一些刚上市即被抢购一空的大热品牌，买到它不太困难。
- 大多数旅游胜地的女装精品店几乎都能买到不错的纱笼。
- 重要的不是它是 Hermès 或者 Eres 或者什么别的品牌，重要的是这款纱笼来自（或者纪念）这世界的哪一个角落。

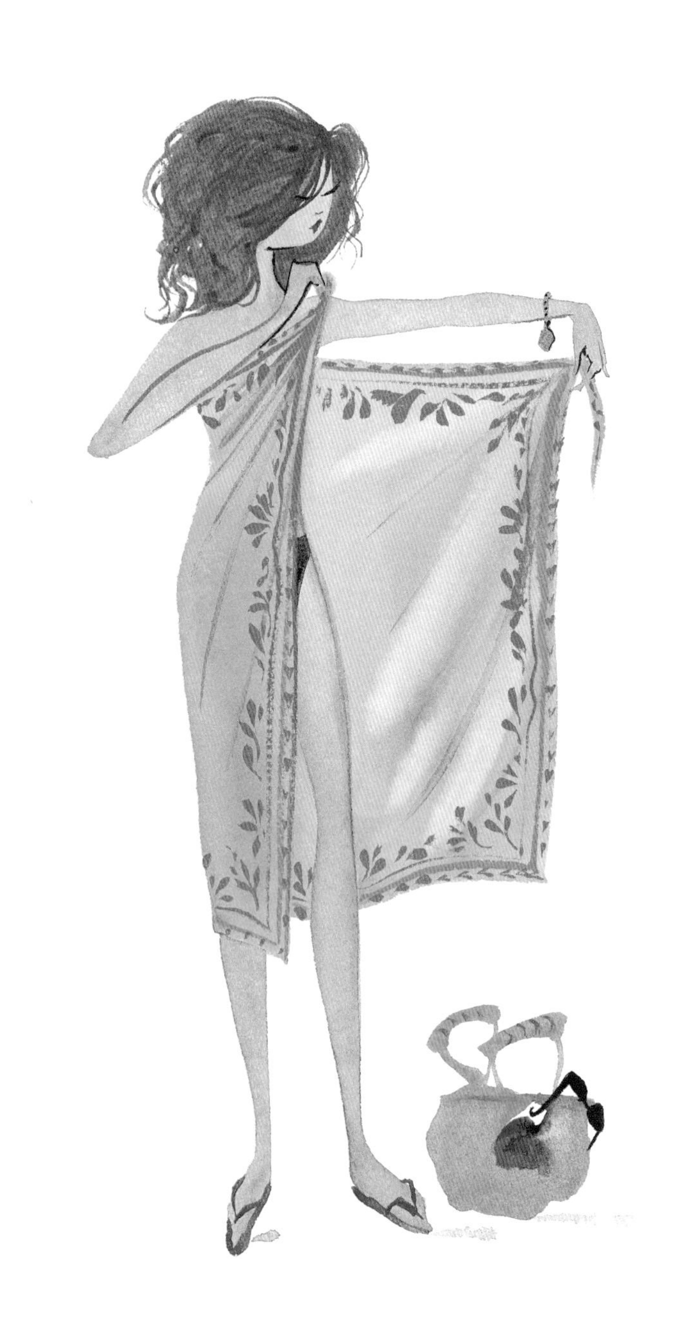

77.

图章戒指

Signet Ring

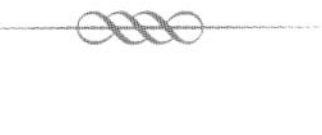

在古时，图章戒指就和如今的信用卡或者黑莓手机一样，一旦丢了，你会心神不安——因为那里包含着你的一切信息。那时的图章戒指是用来在合同上盖上私人图章（或者当作签名）的。如今，它的功能完全不同，却仍然带有专属于你的力量——它会彰显你的独立性，因为戒指上的图案是完全按照你的要求和喜好去制作的。最经典的图章戒指上一般刻有家族纹章、学校徽章或者个人姓名首字母（或者三者都刻上）。但是如果你不喜欢，也可以在上面刻上某个具有纪念意义的标志，或者干脆就是知己、密友（或者那个他）的姓名首字母，看到它，你会想起只有你和少数几个密友才知道的事情或者笑话。

图章戒指选购要领
签名、盖章、馈赠，你怎么用它都可以

- 如果你不介意那些上面带有别人姓名首字母缩写或者家族纹章的款式，可以去首饰精品店挑选。在那里你会发现很多样式古老、含义神秘的款式。
- 如果你想挑选式样经典的上乘款式，Tiffany 是很好的选择。
- 和鸡尾酒戒指一样，你可以随意把图章戒指戴在任何一个手指上。

---

fashion 101

图章戒指的由来

图章戒指在古时是被当作个人的图章或者签名使用的，因此，偷窃他人的图章戒指是严重的罪行。甚至，戒指上的图章可能会导致一个人飞黄腾达或者招致杀身之祸（例如在凯撒被刺之后，戴上刻有刺杀凯撒的布鲁图或者凯撒标志的戒指就会导致两种命运）。

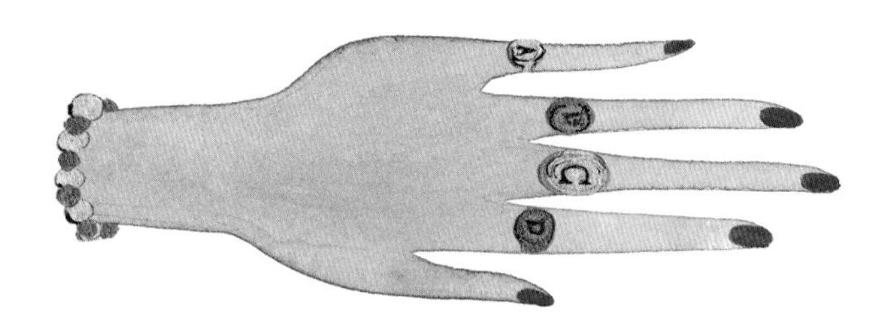

图章戒指逸闻：

- 中世纪的贵族女性所戴的图章是身份和地位的象征。
- 米开朗基罗的戒指上雕刻着著名的西斯廷教堂壁画的部分图案。
- 如果你梦想得到一枚带有预兆作用的图章戒指，关键在于你拥有怎样的梦想。不过，无论预兆是好是坏，都表明你期望生活中出现某种变化。

78.

丝巾

Silk Scarf

如果你想了解丝巾究竟有何妙用，唯一的办法就是花一下午时间坐在一间巴黎的咖啡馆里，看来来往往的法国女郎们是如何展现它的价值的——把它围在腰间当作腰带，系在手提包上随风摇曳，或者直接围起来做贴身上衣，绑在头上当发带，系在短风衣的后面当腰带，或者用无穷无尽的手法围在脖子上。它让我真的开始相信传说中的那句话——“巴黎女人天生就知道如何用丝巾装扮自己”。而我们只需要好好地观察和学习她们的手法，必要的时候找到几个模仿的对象。1988 年，Hermès 就出了一本彩色图册，名为“如何运用你的 Hermès 丝巾打造完美装扮”，如果你能找到这本小册子，那么你就得到了最权威和有效的指导。但是如果你已经无从寻找这本指南或者还去不了巴黎，最好的方式就是找到一些经典的围法进行模仿和学习。

丝巾逸闻：

全球每 25 秒就会卖出一条 Hermès 的丝巾。

丝巾穿搭要领
绑好丝巾，绑在哪里都行

- 除了 Hermès 之外，Gucci 和 Ferragamo（费拉加莫）也是制造优质印花丝巾的品牌。人们通常会在第一次去意大利的时候购买这两个品牌的丝巾作为礼物送给亲朋，而且它们也是留给后辈的佳品。
- 戴上一条丝巾就如同佩戴一件珠宝，它应当将你的个人魅力及风采融合在内。
- 它应当带有你鲜明的个人特质，并且成为你个人风格的一部分——如果真丝不适合你，你还有很多其他的选择。

历史上的经典丝巾造型

- 格雷丝 · 凯利用来包住受伤手臂的丝巾造型。
- 1950 年女王伊丽莎白二世被印在邮票上的丝巾造型。
- 20 世纪 60 年代，杰奎琳 · 奥纳西斯躲避媒体时，所有以丝巾包头的造型。
- 奥黛丽 · 赫本在电影《蒂凡尼的早餐》中将丝巾系在帽子上的造型。
- 电影《本能》中莎朗 · 斯通用丝巾作为手铐的造型。
- 麦当娜在电影《踩过界》中用丝巾围成上衣的造型。
- 萨拉 · 杰西卡 · 帕克在美剧《欲望都市》中用丝巾绑头的时尚造型。

当之无愧的衣橱焦点
Hermès 丝巾

一方尺寸为 90 × 90 厘米，重量仅为 65 克的 Hermès 丝巾通常要花上近两年的时间才能制作完成。具体说来，制作程序从巴西开始——250 只幼蚕吐出的丝在那里被纺成丝线；与此同时，设计工作在法国里昂展开——人们在这里确定下一季的潮流与设计主题。之后，由 50 名设计师对下一季预备推出的 10 款新丝巾进行设计。长达数月的设计完成之后，制版师将为这些最新设计制版——每种颜色都需要一块新的丝绢网——如果丝巾的设计用到了 30 种颜色，那么制版师就需要 30 块丝绢网来制作丝巾。接下来是集中染色工序，所有的设计委员会成员会聚集起来对设计的色调和明暗进行最终讨论。确定之后，这些设计终样就被送往生产厂家，生产流程将在那里启动——先是令人眼花缭乱的印刷程序，然后再给这些印好的布料来个奢华的蒸汽浴，让它们真正达到丝柔顺滑。之后两名女性技工会不辞辛劳地逐寸检查布料上是否存在细微的瑕疵。检查过后，布料才会被切割成合适的尺寸，并且由女裁缝们进行精细的锁边工序，这才算大功告成。于是，成品丝巾才得以被运往世界各地，供那里爱美的女性们尽情挑选。

79.

拖鞋

Slippers

在蹬了几个小时的高跟鞋之后，你疲惫不堪的双脚一定渴望着能马上踩在一双如云朵般柔软的拖鞋上。一双好的拖鞋一定是蓬松、柔软的，能让双脚瞬间得到释放。如果条件允许的话，我认为奢华也是好拖鞋的必要因素。在冬季，为自己精心挑选一双带有绵羊皮或者羊毛内衬的拖鞋可是相当惬意的享受。如果想要购入奢华款，水貂皮拖鞋是不错的选择（也是馈赠亲朋的佳品）。选一双獾毛拖鞋，你就是家中慵懒性感的小野猫；而穿一双摩洛哥风格的拖鞋去超市，你就再也不会被人用怪怪的眼神盯着看了。但是，如果你穿一双时下流行的粉兔子拖鞋去逛超市，你的形象将彻底与“性感”二字无关，也不要怪大家用看傻瓜的眼神看着你。我这是在说谁呢？（这个……眨下眼……天知地知，你知我知。）

与其把全世界都铺上地毯，不如穿一双柔软的拖鞋。

——艾尔·弗兰肯[214]

当之无愧的衣橱焦点
著名鞋履品牌 Stubbs & Wootton 拖鞋

Stubbs & Wootton[215]（斯塔布斯和伍顿）是当今最受追捧的手工拖鞋品牌。该品牌制造的拖鞋不仅仅意味着舒适，鞋面上往往还绣有充满想象力和创造力的针绣图案（比如骷髅、交叉的腿骨、马里兰蟹、马球手从马上摔下来的场景等等）。穿着如此精美的拖鞋，无论是在家还是上街，你都会感觉到人们关注的目光。是的，你当然可以把它们穿出家门。该品牌的拖鞋采用的都是全球范围内能找到的最优质的原料——来自英国的皮革、来自埃及的棉线、来自法国的织锦，以及来自比利时的刺绣技术。它们极其舒适，当然这也是一双好拖鞋的基本条件。除此之外，即便你只是穿着它去超市买一盒冰激凌，你也可以相当肯定，它会为你赢得路人的赞赏和艳羡。

80.

塑身裤

Spanx

当你希望在瞬间身材显得瘦一号的时候，一条从腰腹部直至膝盖下方的塑身裤将为你实现梦想。

自它面世以来，名流们就无时无刻不在热烈讨论着它的神奇功用：奥普拉·温弗瑞在她的王牌脱口秀节目中将塑身裤称为她的最爱之一，影星格威妮丝·帕特洛曾经对记者透露过她在走红毯秀之前的准备："多亏有了塑身裤……不管多瘦多紧的衣服，它都能让你轻松地穿上去……太神奇了……好莱坞所有的女星们都在用它。"关于塑身裤的秘密就这样渐渐传开了，塑身裤也成为每一位女性衣橱中的必备单品。如果你还没有一件，赶紧去买吧！

fashion 101

塑身裤的由来

大约10年之前，萨拉·布雷克莉还是一个挨家挨户推销复印机和传真机的销售员，而如今，她已经当之无愧跻身女性最爱的发明家行列。发明塑身裤对她来说，是源于一些无奈、沮丧，和一点儿天才创意的结合。一天晚上，她灵机一动，把连裤袜脚踝以下的部分剪掉了，再穿上她的白裤子。突然间，她发现穿上白裤子的自己看上去瘦了一圈，腰腹以下的线条也随之变得平滑，并且讨厌的内裤痕迹也不见了。于是，她将自己账户中仅有的5 000美元全部取出，由此开始了这项改变世界女性的事业。如今她的事业已经在全球获得了非凡成功。

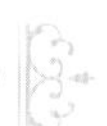

81.
宣言项链
Statement Necklace

宣言项链一般而言都是很大一串，而且设计大胆（有一些甚至带有浓烈的舞台感和戏剧色彩——当然，是褒义）。宣言项链就像一位会抢戏的女配角，但如果你搭配好了，它会给你的装扮很大的加分。好莱坞的一线女星们会认为，有时候，你需要让配饰成为主角（请想象一下2008年奥斯卡颁奖典礼上的珍妮弗·加纳、妮可·基德曼和凯特·布兰切特的着装）。用于红毯秀的宣言项链都较为昂贵（所以人们一般会借别人的来撑场面），而且它们往往担负着彰显身份和品位的重要任务。如果仅用于日常或街头装扮，你大可不必挑选价格惊人的款式，设计风格也可以不用那么隆重而华美了。

和鸡尾酒戒指一样，宣言项链最好是硕大的、设计繁复的，而且不必是真品。每位时尚女性最好拥有不止一串宣言项链——它最大的好处莫过于可以和同一条小黑裙搭配出数个迥异的造型，这会让你更快地成长为真正的时尚达人。只要拥有足够多的宣言项链和混搭技巧，你就会成为名副其实的千面女郎，永远都是。

宣言项链穿搭技巧
亮出你自己

- 注意，不要在穿着几何印花服饰时佩戴宣言项链。宣言项链更适合与设计较为简洁的服饰搭配。永远记住，有时候，加法反而会减分。
- 宣言项链是旅行必备品——带上两条裙子和三条宣言项链，你就可以轻松打造一周不重样的完美装扮。
- 一条漂亮的宣言项链是使你成为“瞬间变装达人”的秘密武器。如果你刚从庄重保守的工作场合出来，需要在一分钟内换装参加前卫派对，那么，一条宣言项链、一双细高跟鞋会让你得偿所愿。

我最爱的宣言项链品牌

好的宣言项链会说话，它不仅会向你透露佩戴者的秘密，甚至还绘制出一幅关于她的图像，将你笼罩在它所营造的氛围中。永远在时尚杂志上占有一席之地的宣言项链品牌有：

- Tom Binns[216]（汤姆 · 宾斯）：打造波普小天后装扮的不错选择。
- Van Cleef & Arples[217]（梵克雅宝）：上流人士的经典之选。
- Marni[218]（玛尼）：完美的时尚型波希米亚风作品。
- 在摩洛哥跳蚤市场上买到的造型繁复或者带有民族风设计的宣言项链：用于打造平民式波希米亚风的绝好道具。

82.

细高跟鞋

Stilettos

这是一款会引发狂喜、艳羡、惊恐等各种复杂情绪，甚至会导致巨额信用卡债务的单品。你有多少双细高跟鞋都不够，而且，你永远都会想要更多。关于这一点，你问问有菲律宾“铁蝴蝶”之称的前菲律宾第一夫人伊梅尔达·马科斯就知道了。1986 年，当菲律宾人民革命爆发，民众推翻了时任总统费迪南德·马科斯的独裁统治，伊梅尔达跟丈夫匆匆逃离菲律宾国境。之后有报道称，在伊梅尔达如同高级百货商场一样的衣帽间中，摆放着她未能带走的 3 000 双美鞋（之后不久，当事人回应说，自己只留下了其中的 1 600 双鞋，但是谁会数得那么清楚呢），这则消息在世界范围内引发了巨大的争议。但是对我而言，我非常想见见这位超级时尚达人，因为她所经历的时尚生活是无数女性梦寐以求但却终生无法实现的。更准确地说，我想亲眼看看她所有的细高跟鞋，因为从一个女人所穿的高跟鞋中，我们可以读出她的全部。

细高跟鞋穿搭要领
为它挥洒金钱吧，它就是所有的理由

没错，你一次又一次听到他们的名字——莫罗 · 伯拉尼克 （Manolo Blahnik）、周仰杰（Jimmy Choo）和克里斯提 · 鲁布托——这足以证明他们在时尚鞋履界的非凡地位。他们始终清楚知道自己的创作意味着什么，他们知道如何设计出那些经久不衰的高跟鞋款，并且让女性在穿着时更为舒适。他们是无可争议的天才，也正因为如此，他们的设计都要价不菲。我知道很多人觉得花那么多钱去买一双高跟鞋简直不可思议，让我来告诉你为什么我们愿意：

- 卓越的品质保障。价格昂贵的鞋款通常穿起来更舒适，且更耐穿。
- 它们不会让你在大街上一瘸一拐地扭回家。
- 每次穿上这些设计，你会感觉自己容光焕发。

细高跟鞋穿着要领

- 练习。
- 练习。
- 再练习。

你究竟需要多少双鞋？

——男人们

83.

海魂衫

Striped Sailor Shirt

任何一位有品位的法国绅士和淑女的衣橱中都少不了一件海魂衫；任何一部有品位的法国电影中也少不了海魂衫的身影。著名时装设计师让·保罗·戈尔捷似乎将海魂衫作为御用出镜装，在他的每一季时装发布会上，也永远少不了模特们身穿不同款式海魂衫走T台的场景。珍·茜宝在法国新浪潮时代领衔人物让·吕克·戈达尔的里程碑式作品《精疲力竭》（必看的经典）中的海魂衫造型已经成为影坛不朽的经典。曾经为海魂衫着迷的名人数不胜数——为海魂衫的设计中加入艺术元素的毕加索、把海魂衫当作海滨装束的碧姬·芭铎，等等。毫不夸张地说，海魂衫是法式风情的完美代言单品，除此之外，它的出现颠覆了"横条纹会拉宽身材线条"的着装法则——当你穿上一件船型领的海魂衫，通身透着法式风情时，有谁不认为这些横条纹美极了呢？

海魂衫穿搭要领
准备扬帆起航!

你永远可以从以下品牌中找到合适的海魂衫：

- Petit Bateau[219]（小帆船）：该品牌会提供最经典的海魂衫款式。
- L. L. Bean：可以作为经典款的备用品牌。
- Jean Paul Gaultier：如果你想购入设计师品牌的海魂衫，特别推荐这一品牌。
- Armor Lux[220]（阿莫尔 · 卢克斯），St. James（圣詹姆斯）：这两个品牌都制作真正充满法式浪漫风情的海魂衫。
- 海军用品商店：可以买到如假包换的海魂衫。

fashion 101

海魂衫的由来——“布列塔尼衫”，或者“水手衫”

海魂衫应当被称为“布列塔尼衫”，因为它诞生于法国布列塔尼地区。该地区的水手们从 19 世纪 20 年代就开始穿着这种蓝白相间的条纹衫了。最初的海魂衫是由质地细密的棉布织成，为出海的水手起到防风防晒的作用。1858 年，法国海军将这款棉布衫定为海军制服的一种。据称，海魂衫之所以被设计成蓝白条纹相间，是因为一旦水手落入海中，这种花纹最容易被发现和定位。瞧瞧，海魂衫可是从那时就开始醒目的哦！

84.

西装

Suit

西装，是华美、气派和衣冠楚楚的代名词。男士们把西装穿成了日常工作服，还好女士们可以更自由地选择穿着西装的场合。这也意味着，穿上西装的女性将会更加引人注目。穿西装时，你可以用一些小心机：在西装里面穿一件蕾丝紧身背心、纯白T恤，或者干脆除了内衣，什么都不穿。之后再戴上珠宝，盘好秀发，化上干练而迷人的妆容。当然，最后还要配上一双完美的细高跟鞋。这些精心设计的充满女人味的小细节会让你成熟地驾驭这件西装，而不会让它夺去你的光彩。

我的父亲告诉过我：让别人先看见你这个人，
其次才是你的衣服。

——加里 · 格兰特[221]

西装穿搭要领
穿上西装，抖擞精神

- 时髦的西装穿法是将上衣和套裙拆开来穿：用上衣搭配牛仔裤，或者用T恤或背心搭配套裙。
- 对于西装而言，合身剪裁是最重要的。你需要确认它的每一处都与你的身材完全契合。
- 在挑选工作场合穿的西装时，不要只关注它与工作的契合度，加入一点点工作之外的趣味会更好。从长远来看，购买一件不仅仅能在工作场合穿着的西装会更划算。
- 如果你必须穿一件设计极为传统的西装去工作，那就用精心挑选的珠宝或其他配饰来展示你的个性。永远记得，展示你与众不同的地方，这样才会让这套西装为你所用。

我最爱的西装品牌

- Chanel：永远值得购入的经典。
- D & G、Alexander McQueen：这两个品牌会提供更能凸显女性特质的西装款式。
- Ralph Lauren、Giorgio Armani（乔治·阿玛尼）：这两个品牌提供经典的西装款式。

85.

太阳帽

Sunhat

一款蓬松的太阳帽是海滩度假的必备单品，你可以在海滩度假胜地的街边小摊、跳蚤市场或者度假村商店买到不错的款式。太阳帽不仅可以起到遮阳的效果，还可以遮住你在假期中疏于打理的头发。此外，它还会代替你向全世界宣告：我在度假（即便实际上你不是）——尤其当你还戴着墨镜，穿着布面藤底凉鞋的时候。太阳帽似乎总是和那些无忧无虑、脸上挂满微笑的女孩们联系在一起。我们都想成为这样的女孩，每天戴着太阳帽，享受着属于自己的闲适生活。

沐浴在艳阳之下，嬉戏于海水之中，
畅饮着最新鲜的空气。

——拉尔夫·沃尔多·爱默生[222]

T
U
V

86.

Trench

当你穿上一件率性干练的风衣时，风衣里面穿什么也就不重要了。当你在歌舞片《秋水伊人》（又名《瑟堡的雨伞》）中看到当时年仅 20 岁的凯瑟琳 · 德纳芙穿着那件已成为经典的 Burberry 风衣时，你还在乎她里面穿的是什么吗？我敢肯定，你会说不在乎。那时，我的眼睛里只有那件风衣，以及和它搭配的紧身裤和中跟鞋。啊，我的最爱！

在每一部我所看过的黑色电影中，我从未关注过那些“蛇蝎美人”的风衣下穿些什么。我甚至不希望电影中出现她们脱下风衣的镜头，因为我一直认为，风衣是从事间谍工作的最佳穿着。也许正是因为这些经典电影中的形象，风衣被赋予了强烈的神秘意味。如果女性想要表现得低调，或者像谜一般神秘、诱人探寻，风衣将是她的必需装备，而且是绝对的必需。而加上一副墨镜会让这种神秘感更强烈。

除非你正在潜逃，否则再戴一顶男士费多拉帽就有点过于玩神秘了。但是，对于女通缉犯来说，怎么低调都不为过吧！

风衣选购要领
风衣之下的风光

卡其色的华达呢（一种防水斜纹布料）当然是最经典的风衣款式。但是你也可以选择其他更为大胆的颜色和款式，比如金光缎。

- 如果要购买最经典的风衣款式：Burberry，毫无疑问。

- 如果要购买更大胆的款式：推荐 Viktor & Rolf[223]（维果罗夫）或者 Rock & Republic[224]（摇滚和平）。
- 如果想要购买颜色较为鲜亮的款式：推荐 Juicy Couture[225]（橘滋）和 Gap。
- 更有金属感的设计来自于：Burberry 和 Stella McCartney（斯特拉 · 麦卡特尼）。

风衣穿着史上的偶像人物与经典瞬间

- 凯瑟琳 · 德纳芙在影片《秋水伊人》中的风衣扮相。
- 奥黛丽 · 赫本和乔治 · 佩帕德在影片《蒂凡尼的早餐》中的风衣造型。
- 亨弗莱 · 鲍嘉在影片《卡萨布兰卡》中的风衣造型。
- 梅丽尔 · 斯特里普在影片《克莱默夫妇》中的风衣造型。
- 索菲娅 · 罗兰在影片《钥匙》中的风衣造型。

fashion 101

Burberry 风衣的由来

风衣上的每一个细节都会考虑它的功能性，这是因为它最早是为参加第一次世界大战的英国军队所设计的。最早的风衣是由致密厚实的机制斜纹布料——华达呢织成，其防水性和长度过膝的下摆能使士兵们的靴子保持干燥，便于在阴雨连绵的天气里于战壕中作战。这款风衣的左右胸前各有一块防水布，并且还有肩绊、袖绊等能系上的防雨设计。战争结束之后，战士们将这款风衣带回家乡，并将下摆剪短，改为可供日常穿着的服饰。时至今日，风衣已经是一款印刻着英式风格的时尚服饰，一件在黑色电影中塑造经典形象的单品，一种为男性和女性所共同热爱的个性装扮。

87.

绿松石与珊瑚珠宝

Turquoise and Coral Jewelry

你可能不断听到有人在说“绿松石要重新开始流行了”，但是我觉得，它从来就没有退出过时尚舞台。你能告诉我有哪一季的 T 台上没有出现令媒体与时尚人士大为惊艳的绿松石珠宝吗——不论是戒指、项链或是手镯？在夏天，一条精美的绿松石宣言项链会为小白裙或者紧身背心增色不少；而在满世界都是黑色外套和金色配饰的冬天，一条绿松石项链会让你的装扮顿时显得灵动俏皮。除了时尚功用之外，据说，绿松石还具有治愈伤痛的功效。不管怎么说，我每次佩戴绿松石珠宝时，心情都十分不错。

绿松石珠宝的穿搭要领
从美国桑塔到悉尼

- 绿松石非常适合与珊瑚一起佩戴——据说珊瑚具有驱邪避凶之用。那么，当你同时佩戴绿松石和珊瑚珠宝时，你的身体里会拥有让人惊叹的能量！
- 尽管绿松石几乎总是和夏季联系在一起，但是我从不迷信任何规则，我认为绿松石在一片沉闷的冬天里也是非常好的配饰。
- 在美国西南部、墨西哥或者印度旅行时，别忘记选购当地那些迷人的绿松石和珊瑚饰品。
- 绿松石以纯正的天蓝色和深蓝色为最佳。质量上乘的绿松石都是不透明的或者微透明的，而半透明的品种质量较为一般。

绿松石逸闻：

- 绿松石珠宝的历史可追溯到公元前6000年。
- 绿松石是一种水流沉淀生成的矿物，是液态浸流深入含有铜或铝等元素的矿物中，历经数百万年形成的磷酸盐矿物集合体。
- 北美的印第安人和中国的藏民都将绿松石奉为神力的象征，他们认为绿松石能够使灵魂和精神变得纯净，能为人们带来智慧、善良的品质，增进相互之间的信任和理解。

88.

无尾礼服

Tuxedo Jacket

你也许会注意到我在本书中数次怂恿你从男友或者老公的衣橱中“偷”出几种单品供自己扮靓，这是因为：中性风一直以来都与时尚、新潮及前卫紧密联系在一起。真正开启现代中性风的是将原本专属于男性的无尾礼服穿出自身风格的魅力偶像——玛琳·黛德丽。她穿着男士礼服的一系列照片在当时令全世界震惊（甚至被当作丑闻）——从来没有女人胆敢公然将男装穿在身上，并且面带炫耀的神色。1965年，伊夫·圣洛朗从玛琳·黛德丽的照片中汲取灵感，设计出第一款女式无尾礼服系列。在他们的影响下，时尚女性们开始纷纷尝试由无尾礼服（当然是按照女性身形进行改良的版本）带来的风格和力量感的改变，并且深深为之着迷。当著名的情色摄影大师赫尔穆特·纽顿在20世纪70年代拍下著名哥特风格女主唱 Vibeke 身穿 YSL 无尾礼服的照片之后，这张照片及其所引发的狂热模仿风潮在时尚史留下了永恒的印记。

这无关时尚，这是风格。
时尚易逝，但风格永存。

——伊夫·圣洛朗

fashion 101

无尾礼服的由来

无尾礼服也被称作“吸烟装”，因为在设计之初，这种服饰是男士们在晚宴结束之后，脱下燕尾服换上的黑色轻便装，专门用于在吸烟室抽烟之用。

在1966年之前，无尾礼服还完全是男性世界的专属，但就在那一年的春夏季时装发布会上，伊夫·圣洛朗推出了第一款女性无尾礼服系列，邀请时尚女性涉足这块曾经的禁地。在展示会上，模特们身穿硬挺帅气的无尾礼服强悍登场，给当时保守的时尚界以当头一击。几乎在一夜之间，圣洛朗的设计颠覆了之前时尚界赋予女性的全部意义，并且使无尾礼服成为继小黑裙之后又一款风格大气、个性张扬的服饰单品。一时间，当时众多的时尚先锋人物成为该款礼服的拥趸：凯瑟琳·德纳芙、贝蒂·卡图[226]、弗朗索瓦丝·哈代、莱莎·明奈利[227]、露露·德·拉·法雷斯[228]、劳伦·白考尔以及碧安卡·贾格尔[229]。

YSL的无尾礼服系列使中性风正式流行，它为女性性感柔媚的形象注入了硬朗和率性的力量感，从根本上挑战了传统女性的自我认知。如同凯瑟琳·德纳芙所说的那样：“它彻底改变了你身为女人的感觉，甚至连姿势都发生了奇迹般的改变。”

无尾礼服穿搭要领

- 女性穿着无尾礼服的规则应当与男性不同，我们应当选择外观更纤长、剪裁更修身的无尾礼服款型。
- 如果你的身材足够高挑的话，可以选择双排扣的款式。
- 在无尾礼服的翻领上别一枚花朵造型的胸针，让硬朗与柔美风格碰撞得更激烈。
- 如果足够大胆，你大可真空穿着无尾礼服，展现无与伦比的性感。

89.

伞

Umbrella

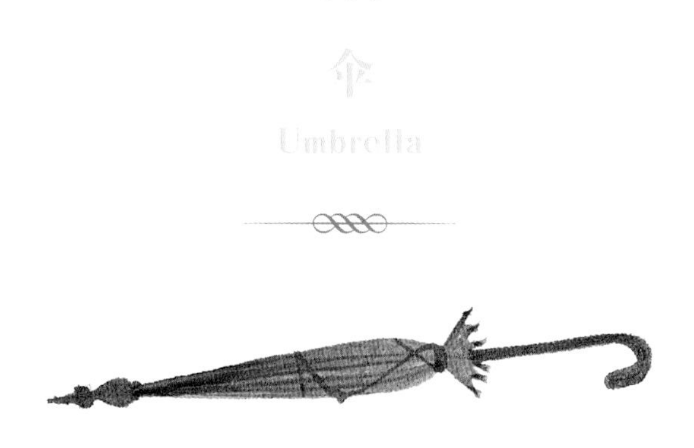

别相信气象预报员。他们总告诉你今天将会“艳阳高照，晴空万里”，然后你天真地相信了，不带伞就兴冲冲地跑出门去。几小时之后，当你顶着精心吹好的完美发型美滋滋地走在街上时，艳阳高照和晴空万里突然之间就变成了瓢泼大雨——那真是个活生生的灾难。你的嘴里埋怨着不靠谱的气象预报员，附近找不到任何可以避雨的地方，而你偏偏又穿着最尴尬的白裙子。这时你会看到从身旁走过一个个撑着迷人小伞的美女，她们随身携带的伞就挂在手提袋的边上。你发誓下一次你一定会作足准备。哎呀，真正的时尚女郎是从来不会放松警惕的。

我最爱的伞品牌

- Totes：该品牌会制作迷你型铅笔伞，即便最小号的手提包也可以轻松放入。
- Burberry：推荐经典的彩格呢款和纯黑迷你款。

不经历风雨，怎能见彩虹？

——多莉·帕顿[230]

90.

内衣 Underwear

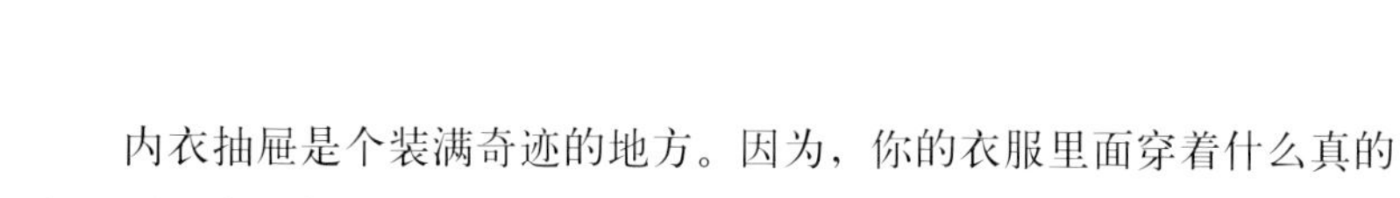

内衣抽屉是个装满奇迹的地方。因为，你的衣服里面穿着什么真的很重要，它们是你打造整体装扮的基础。而奇迹在于，一套迷人性感的内衣会让你瞬间觉得自己充满魅力，但是，一道讨厌的内裤痕迹可能就在下一秒钟让你沮丧不已。

当之无愧的衣橱焦点
完美的内衣侦探

- Cosabella[231]（戈萨贝拉）：Cosabella 在意大利语中的意思是“美的事物”。该品牌以舒适贴身的材质和充满活力的绚丽色彩著称。其中最受追捧的是 Soire 系列底裤，整个系列采用了超过 40 种颜色。
- OnGossamer（薄纱）：名流们的至爱品牌。该品牌设计的无痕网纹平角裤是不爱穿丁字裤的女士们的完美救星。
- La Perla（拉佩拉）：意大利著名内衣品牌，以制作风格华美的一片式底裤、低腰内裤及裙裤著称。
- Elle Macpherson Intimatesz[232]（亲密的埃勒 · 麦克弗森）：对内衣较有研究的时尚女士们的至爱之选。该品牌内衣将极致性感与时尚趣味完美融合，是无可争议的杰作。

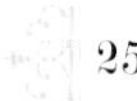

fashion 101

丁字裤的由来

丁字裤最早是专属于男性的穿着——他们早在75000年前就开始在部落中集体穿着丁字裤了。直至20世纪80年代，它才开始成为女性内衣的一种，在单一的遮盖功能中加入了时尚元素。

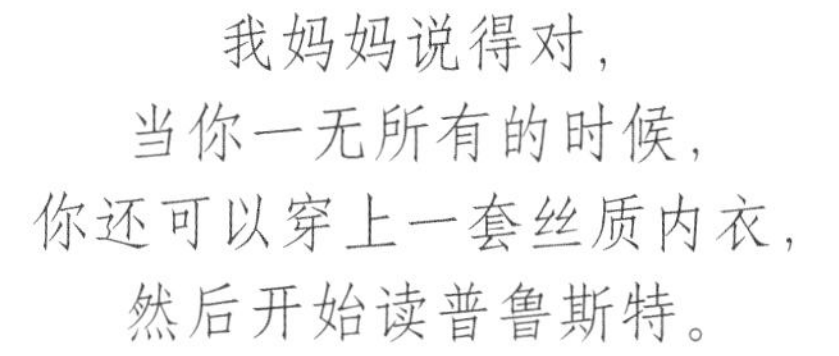

我妈妈说得对，
当你一无所有的时候，
你还可以穿上一套丝质内衣，
然后开始读普鲁斯特。

——简·伯金

PASSPORT
TICKETS

91.

有效护照

Valid Passport

许多人往往在即将出国旅行之前，才发现护照在上个月已经失效了；或者是坐在家中苦思冥想，也回忆不起把护照落在了家里的哪个角落。于是，你只能赶到出入境管理处申请护照延期或者补办，由此花掉的大笔银子会令你的购物预算大大缩水。千万不要让这样的悲剧发生在你的身上！

你可以购买一款 LV、Goyard 或者 Hermès 的真皮护照夹。它们是这些奢侈品牌中价格较为低端的单品，不仅会让你感觉身价倍涨，而且还能有效缓解飞行前的紧张情绪。

冒险，就其本身而言，是极为值得尝试的。

——艾米丽娅 · 埃尔哈特[233]

92.

Vans 帆布鞋

Vans

对于帆布鞋而言，似乎美国东西部人的喜好会有所不同——东部的人狂爱 Converse，而西部则迷恋 Vans（万斯）。为什么不两者都爱呢？Vans 是用来打造加州休闲风的必备鞋款。而且，Vans 提供个人定制服务，它为每一位顾客打造独一无二的专属设计。

Vans 帆布鞋穿搭要领
滑板上的时尚

- 鼎力推荐个人定制款——穿出最契合自己的风格，才是帆布鞋的精髓所在。
- 在夏日搭配极为休闲的裙装，你就是最引人注目的加州海滩女郎。
- 即便是最呆板的装束，一双 Vans 帆布鞋也能瞬间为你注入街头时尚感。

fashion 101

Vans 帆布鞋的由来

Vans 品牌诞生于 20 世纪 60 年代的美国，那是一个充满玩乐青年的时代。那时正值滑板潮兴起时期，美国西部滑板协会为 Vans 品牌带来了难得的崛起之机。来自洛杉矶曼哈顿海滩和圣莫尼卡地区的滑板爱好者们纷纷走进 Vans 的店铺，要求为他们定制独一无二的帆布鞋款（该品牌以个人定制服务著称），很快，加州海滩上的每一位滑板爱好者和冲浪好手都在穿 Vans 帆布鞋了。1982 年，当时的一部热门喜剧影片《开放的美国学府》（*Fast Times at Ridgemont High*）为 Vans 品牌开启了全盛时代。影片中扮演滑板专家斯皮考利的著名影星西恩 · 潘穿着他那双醒目的 Vans 帆布鞋出入于各种场合，在之后的几星期内，Vans 公司加急生产了超过百万双该款帆布鞋，以满足来自各地疯狂爱好者的需求。

我要冲进那些迷人的小浪花里，
享受耳边呼呼吹过的小风儿，
啊，我舒服极了！

——斯皮考利在影片《开放的美国学府》中的台词

93.

古着

Vintage

各种来自不同时代、式样繁多的古着是为装扮增添个性元素的佳品，它能让你瞬间从人群中脱颖而出，成为与众不同的街头靓影。大胆地换上那件从街头旧货店淘到的裙子或者上衣吧，绝不会有人同你撞衫。相信我，绝对没有。古着另一个最大的好处就是你能以极为低廉的价格购买奢侈品牌的经典单品。只要你清楚自己的时尚风格，就知道应该把钱花在哪些品牌和单品上：YSL 的无尾礼服、Courrèges[234]（活希源）的 A 字裙、Pucci 几何印花服饰或者 Missoni 针织服饰，等等。当然，购买古着也需要相当谨慎。一旦选择不当，你便会落入“古着陷阱”，瞬间从时尚跌至俗气。

古着选购要领

选购古着，最大的要领就是眼光要足够犀利

- 先观察服饰的整体，不能有掉线、挂丝、脱色或者污渍。把握好这些，才不至于将时尚和破烂混为一谈。
- 合身最好，否则至少也要够大，方便送去裁缝那里进行裁剪。不要买过小过紧的款式。
- 如果想购买设计师品牌的古着裙装，Missoni、Pucci 和 Alaia 的售价相对能让人接受。
- 最好从珠宝开始你的古着之旅。古董珠宝和手提包一般来说极少出错。

我最喜欢的古着店（按城市划分）

- 洛杉矶：Decades，Paper Bag Princess。
- 纽约：What Goes Around Comes Around。
- 迈阿密：Rags to Riches。
- 芝加哥：The Daisy Shop。
- 波士顿：Second Time Around。

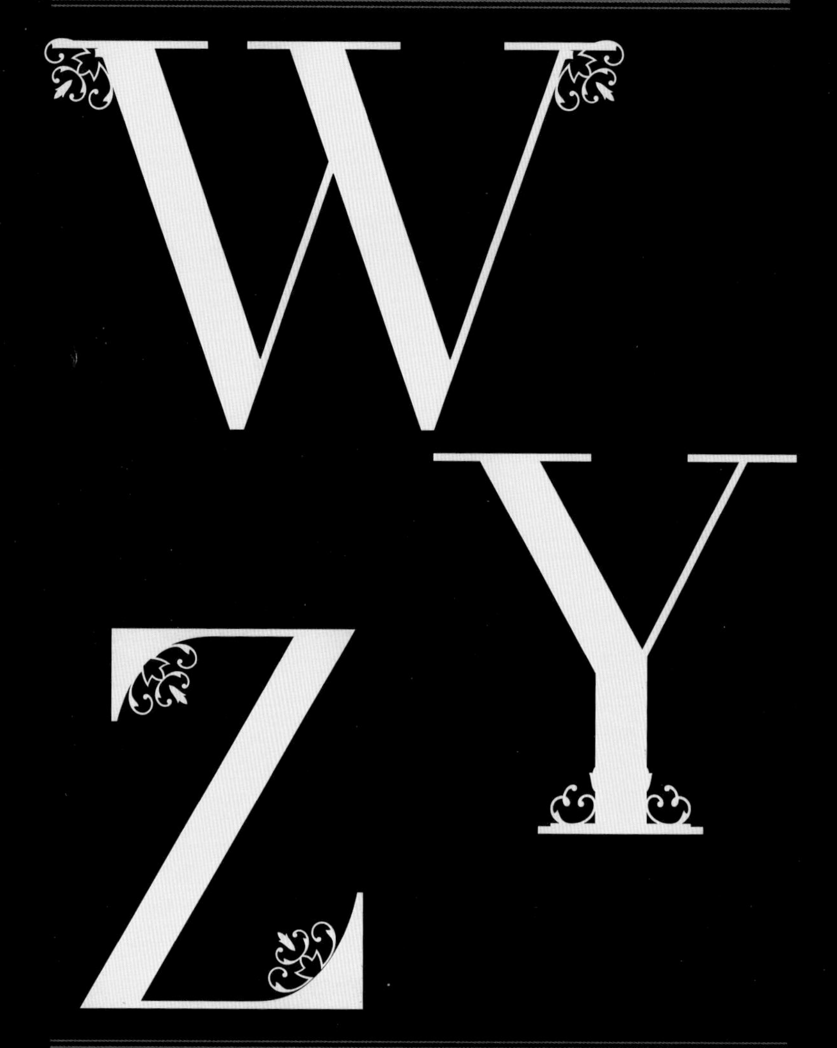
W
Y
Z

94.

手表

Watch

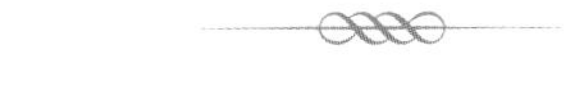

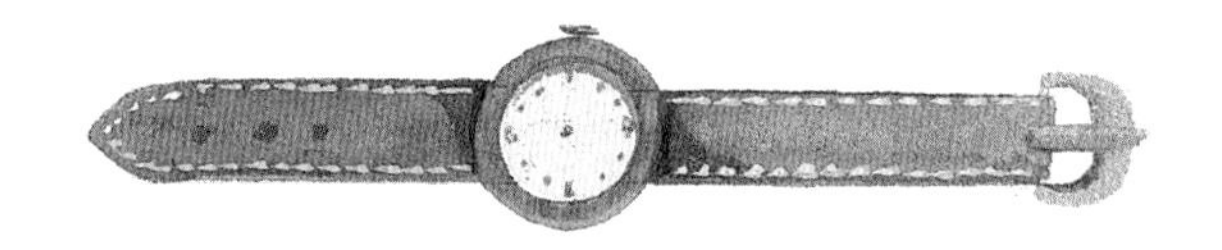

如今我们都可以从手机上了解时间，于是佩戴手表不再成为必需。手表的实用功能已经渐渐褪去，时尚和装扮功能转而成为最大需求。如今的手表被更多地作为身份和品位的象征，你可以根据自己的个性、品位以及现有的置装费用来挑选不同款式的手表：如果你想表现柔美高雅的品质，一款色彩绚丽的鸡尾酒手表值得购买；如果你是热衷于追逐时尚的潮人，推荐购买 Prada 或 Swatch（斯沃琪）最新款的塑料手表；如果你向往拥有一款值得珍藏的经典银色手表，Rolex（劳力士）和 TAG Heuer[235]（豪雅）是上佳之选；或者你可以选择各种风格的男士手表。我尤其喜爱女士佩戴男士手表的样子。男士手表粗犷刚硬的线条往往会将人们的目光聚焦于女性柔若无骨的手腕，而那里正是女性最美的身体部位之一。

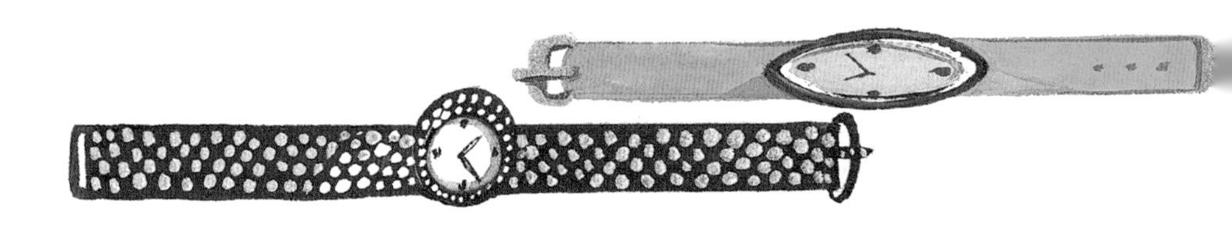

我最爱的手表品牌

以下是我最为钟爱的三款手表，每一款都是价值连城——是的，一款值得珍藏的手表除了外表，一定也拥有令人印象深刻的价格。

- Cartier Tank（卡地亚坦克系列手表）：坦克手表诞生于 1917 年，灵感源自于第一次世界大战期间的法国坦克——“雷诺战车”的平面造型。这款手表甫一面世，便奇迹般改写了手表的历史——因为它的风行，怀表的时代逐渐走入终结，手表的时代由此开启。在此后近百年的时间里，Cartier 品牌制造了多达 250 多种不同的坦克手表款式，铸就了手表界的传奇。
- Rolex Daytona（劳力士迪通那系列手表）：1961 年，Rolex 品牌推出了 Cos-mograph（蚝式宇宙型）计时表（同时具有时间显示功能和计时秒表功能——而且，该系列将时速计直接印刻在表圈最外围，而非传统的表盘上）。由于该款手表集合了现代专业运动手表的各种性能，并且还有可以实时测出赛车平均圈速的表圈设计，因此它迅速在赛车选手中大受追捧。很快，在美国著名的 Daytona（迪通那）赛车赛之后，该款手表就以佛罗里达州赛车胜地 Daytona 海滩和 Daytona 赛车赛的名称命名。由于仅在 1961~1987 年之间生产，这款魅力非凡的手表成为手表世界中最令人梦寐以求的奢华单品。
- Jaeger-LeCoultre Reverson（积家双面翻转系列手表）：该款手表诞生于 1931 年，得名源自于它独一无二的双面表盘和 180° 翻转功能。最初它是为驻印度的英国军官专门设计的，因为他们在打马球时总会将手表表面撞坏或刮伤，于是 Jaeger-LeCoultre（积家）品牌为他们度身定做了这款可以左右翻转 180 度的双面手表，在打马球时将表面翻转，起到保护表面的作用。当然，这个功能也可以用在商场打折大抢购时。

95. 雷朋“旅行者”太阳镜

Wayfarers

从好莱坞 20 世纪 50 年代最具票房号召力的美艳女星金 · 诺瓦克到如今的美国时尚青春偶像玛丽 · 凯特 · 奥尔森，从“世界民谣之父”鲍勃 · 迪伦到以装扮另类著称的金球奖候选人科洛 · 赛维尼，人人都在戴雷朋“旅行者”太阳镜。雷朋太阳镜诞生于 1952 年，采用了当时刚刚兴起的塑料材质，开启了眼镜的塑料镜框时代。由于最初专为男士设计，其梯形的框架和结实的镜腿使它的造型颇具男性阳刚之气。但是当 1954 年金 · 诺瓦克戴着一款“旅行者”太阳镜现身于法国蓝色海滩时，该款眼镜专属于男性的命运从此扭转。虽然它在男性中一直大受欢迎——约翰 · 列侬、洛伊 · 奥宾森[236]都是它的拥趸——但是奥黛丽 · 赫本（我心目中的女神）戴着一款“旅行者”太阳镜在电影《蒂凡尼的早餐》中性感出镜的时刻，开启了女性佩戴雷朋太阳镜的时代。该影片上映之后，所有的时尚女孩们都争先恐后购买这款太阳镜，很快便人手一副。尽管在瞬息万变的时尚风潮中经历几起几落，但每一次雷朋太阳镜都会以全新的面貌强势回归。如今这一系列已有超过半世纪的历史，但我有足够的理由宣称，它是时尚舞台上从未褪色的经典。

雷朋太阳镜历史上的经典时刻

- 1961 年：奥黛丽 · 赫本在电影《蒂凡尼的早餐》中的太阳镜造型。
- 1980 年：约翰 · 贝鲁西[237]和丹 · 艾克罗伊德[238]在影片《福

禄双霸天》中的太阳镜造型。

- 1983 年：汤姆 · 克鲁斯在影片《乖仔也疯狂》中的太阳镜造型。
- 1984 ~ 1989 年：唐 · 约翰逊在美剧《迈阿密风云》中的太阳镜造型。
- 1985 年：麦当娜在影片《寻找苏珊》中的太阳镜造型。

太阳镜穿搭要领

- 佩戴红色与白色镜框的太阳镜要注意选择场合，而黑框太阳镜则在所有的场合都没错。
- 那些造型硕大夸张，足以遮住半个脸颊的太阳镜总是只匆匆流行一阵，但雷朋“旅行者”太阳镜的经典款式永远不会让你变成时尚牺牲品。

车里的油箱是满的，还有半包烟可以抽，天也黑下来了，我们又戴着太阳镜，还怕什么。砸吧！

——电影《福禄双霸天》中的台词

96.

惠灵顿长筒靴

Wellington Boot

2005年，凯特·莫斯穿着一件金线编织的短裙和一双黑色HUNTER（猎人）雨靴出现在英国最著名的音乐节之一——格拉斯顿伯里音乐节现场。她脚蹬HUNTER雨靴在泥地中行走的照片迅速传遍全球（我确信，你还记得她那身装扮），全世界的女性开始从储物间中把雨靴翻出来——这是她们第一次发现，雨靴也能如此时尚。于是，时尚女郎们开始用雨靴搭配连衣裙、短裙或者瘦腿裤来穿，无论晴天还是雨天。当然，雨靴仍然保留了防水防滑的功能，但是如今它有了一个更新潮的功能——穿着去参加音乐节。

当之无愧的衣橱焦点 HUNTER雨靴

HUNTER是英国一家专业制靴品牌，历史悠久，其产品至今仍风靡全球。每个英国人的鞋柜中都有至少一双HUNTER雨靴，不论男性或女性。英国王室成员也总会穿着标志性的绿色雨靴走在乡村的泥泞路中。由于穿着舒适，防水性能卓越，HUNTER雨靴逐渐走出英国国门，得到全球各地人们的喜爱。各国的时尚女性们纷纷订购各种颜色和款式的HUNTER雨靴（如果对此稍有研究，她们就会选择比平时鞋码小一号的尺寸，因为雨靴的尺码往往稍大一点儿）。

fashion 101

惠灵顿长筒靴的由来

早在19世纪80年代，英国惠灵顿公爵让他的制鞋匠模仿德国黑森人的长靴，制作一款耐久性强，能经受战事磨损，同时适合在夜间穿着的舒适靴款。于是，制鞋匠就设计出了这款被命名为“惠灵顿靴”的长筒靴。最早的惠灵顿长筒靴是皮革材质，后来，著名雨靴制造品牌HUNTER才开始设计制作橡胶材质的惠灵顿长筒靴。

97.

阔腿裤

Wide-Leg Trousers

说到阔腿裤，我们得感谢一个人——凯瑟琳·赫本，是她发掘了阔腿裤的双重魅力——便于行走，同时令身材显得纤细高挑，之前很少有兼具这两种优点的服饰。据说，1938 年，在拍摄电影《育婴奇谭》时，凯瑟琳不断身着各种阔腿裤出镜。惊讶之下的工作人员要求她换上裙子，被她断然拒绝。一天，凯瑟琳放在化妆间的裤子不见了，于是她干脆穿着内裤出现在片场，直到工作人员将裤子还给她。凯瑟琳·赫本和玛琳·黛德丽都是最先将男装穿在身上的时尚先锋人士，并且迅速形成自己独特的风格，让男性甘拜下风。

"我喜欢快速走动，高跟鞋对我而言太累了，
而低跟鞋配裙子又很难看，所以我就穿裤子了。"

——凯瑟琳·赫本

阔腿裤穿搭要领
让你大开眼界

- 用较为修身的上装搭配阔腿裤，以平衡下身在视觉上的膨胀感。
- 选择带有锁边设计的款式，而且缝线部分最好较宽，这样才显得大气率性。
- 平滑的裤面比褶皱设计更能修饰腿部线条。
- 注意口袋的位置，谨慎选择臀部有口袋的设计——如果你想让臀部线条更紧实，切忌选择这种款式。
- 选择黑色、白色、驼色或者细条纹阔腿裤，它们是永恒的经典款。

98.

裹身裙

Wrap Dress

20世纪70年代，黛安・冯芙丝汀宝[239]设计出了第一款裹身裙。如果说世界上有一种服饰纯粹是为展现女性的傲人曲线而诞生，那就是裹身裙——它适合所有不同身材的女性穿着。它独特的设计能展现所有你急于展现的部位，掩盖你迫切想掩盖的缺陷。这一切要归功于它仅靠一条腰带束紧衣服的包裹式设计——你只需根据你的身材系好腰带，便会立刻呈现出玲珑身材。裹身裙让我们每个人成为自己的服装剪裁师，穿着裹身裙时，你可以大胆尝试各种配搭方式——天才的服饰需要天才的装扮创意来呼应。

裹身裙穿搭要领
那是条裹身裙

- 选择平纹针织面料——这是裹身裙最初的款式所采用的面料，因为它最能贴合身体线条，塑造凹凸有致的身材。
- 选购带有印花图纹的款式让裹身裙俏皮起来。由于款式本身简洁而经典，在购买时大可加入各种鲜亮图案和缤纷色彩，营造出更出众的视觉效果。
- 用靴子或者细高跟鞋搭配裹身裙，牛仔裤也可以考虑。重点在于，大胆去尝试各种搭配方式，惊喜来自于你的创造。

fashion 101

来自“皇后”的创意——裹身裙

20世纪70年代，当时的黛安·冯芙丝汀宝在一家小型服装公司尝试制作服装——起初是用平纹针织（俗称汗布）面料为舞蹈演员制作裹身背心。之后她灵机一动：何不将裹身背心的创意延伸，制作一款裹身裙？于是，第一件裹身裙应运而生，并一炮而红。到1975年，三年之间，黛安·冯芙丝汀宝创建的同名品牌卖出了500万条裹身裙，她本人也因此成功登上《新闻周刊》封面和《华尔街日报》头版。“我专为那些为自己身为女性而骄傲的女性设计服装。”她宣称，而这种理念在裹身裙的设计细节和功能中得到完美验证——每一处细节都在为凸显女性唯美的身体线条服务。20世纪80年代后，黛安停下服装设计的主业，开始带领自己的品牌团队进军化妆品、珠宝、手袋、家具等不同领域。直至1990年，她重返纽约，重建DVF王国。于是我们再也不用争抢古着店里那些极为罕见的DVF牌二手裹身裙了（话虽如此，如果看见我认为非买不可的款式，我还是会拼命的）。

人生就是一场冒险。

——黛安·冯芙丝汀宝

99.

瑜伽服

Yoga Gear

你永远无法在穿着松松垮垮的汗衫和运动裤时达到内心的宁静状态。健身服饰也需要与平日所穿的服饰一样合身。如果你的健身服旧得不成样子，或者已经变形、褪色，请毫不犹豫地扔掉它们！你需要在健身房的镜子里看见完美的自己（至少你得希望自己变得完美），所以你需要穿上一套让你感觉自信的瑜伽服，来完成那些伸展和提拉动作。不过，记住不要把运动服或者瑜伽服穿上飞机（总有人认为，一套优雅的瑜伽服或者运动服可以穿上飞机，这种观念大错特错）。

当之无愧的衣橱焦点
至爱瑜伽服品牌：NUALA 和 MAHANUALA

NUALA（Natural Universal Altruistic Limitless Authentic）是美国超模克里斯蒂 · 特林顿与著名运动品牌 Puma（彪马）合作设计的瑜伽服系列之一。这些款式不仅适合在瑜伽课上穿着，其优雅柔美的风格也适合穿出去逛街。（哦，这不正是超模们一直在干的吗？）MAHANUALA 是克里斯蒂设计的另一个瑜伽服系列，是严格按照瑜伽练习者的需求设计的，该系列诞生于 2004 年。克里斯蒂在谈及设计起源时说，她设计这两个瑜伽服系列是出于对瑜伽练习者的考虑——市面上的其他品牌和系列都是用各种合成纤维材质制作，颜色也过于绚丽，与瑜伽爱好者对自然、素雅的追求大相径庭。

100.

拉链连帽衫

如今的拉链连帽衫，从某种程度上说，取代了牛仔和皮衣的位置。当一种服饰受到一小群先锋人士的热爱，也就意味它开始踏入了时尚的领域。似乎每一位明星、歌手和模特都拥有不下20件拉链连帽衫。明星们屡屡穿着它们出入肯尼迪国际机场、好莱坞星光大道和周六早上的星巴克连锁咖啡店。但是如果这款连帽衫的材质是羊绒或者美利奴呢绒，那么它就不再只是一件低调随意的衣着，而是可以胜任各种场合的高雅服饰了。

拉链连帽衫穿搭要领
扣上它的帽子

- 连帽衫一定要合身，这样才会显出它的时尚俏皮，而不会让你变成邋遢鬼。
- 如果发型不够完美或者路遇狗仔队，一定要记得把帽子扣上。
- 推荐买1件黑色羊绒款（本书最后1个扮靓秘诀：无论是哪种上衣单品，只要有黑色羊绒款，记得一定要买1件）。

---

fashion 101

拉链连帽衫的由来

最早的拉链连帽衫是由美国著名运动品牌Champion（冠军）设计制造，最初是专为组约的仓库工人保暖而设计。20世纪70年代，拉链连帽衫开始进入时尚界，并且被当时正在兴起的“嘻哈”（hip-hop）一族选为标志性穿着。1976年，好莱坞影星史泰龙在电影中穿着那件著名的Rocky（洛奇）连帽衫出镜，在全球掀起新一波连帽衫追捧风潮。现在，拉链连帽衫逐渐成为了年轻一族、不善言辞的人（甚至抑郁症患者）以及滑板少年、朋克摇滚歌手、饶舌歌手、冲浪爱好者和到处躲避狗仔的明星们的“御用”服饰。

告别的话

如今的时尚风潮来去更加匆匆，时尚周期较以前也大大缩短。各种所谓的潮流充斥着人们的视野，令人应接不暇，似乎人人都已陷入了更紧张地追逐时尚的迷局之中。但是，停下来，不要慌张，不要被这些时尚假象所蒙蔽，不要掉入各种时尚陷阱。你应当成为一位拥有自己独立时尚观和鲜明装扮风格的女性。你应当能够得心应手地驾驭你衣橱中那100件经久不衰的单品，将它们组合成为一个个令人印象深刻的造型（也不要忘记经常拿一些当季潮流单品与之混搭，碰撞出更多的创意乐趣）。记住，敢于重复也是一种风格。那些每天都换新款的女士，我们把她们称为：时尚牺牲品。

实际上，在打造了这么多的不同造型之后，你也许会有些困惑，甚至会拒绝那些能为你树立个人风格的机会。但是我要说，当你把自己深爱的（以及永远都不会厌倦的）单品一件件买回来，穿在身上时，它们就会帮助你逐渐形成专属于你的风格，它们会帮助你打造出一个风格鲜明的你。当你用这些单品——妈妈送给你的家传珠宝、已经穿过多次的Chanel外套、你最爱的那条小黑裙——一次次精心地装扮自己，它们会成为你的一部分，它们会向全世界宣告：你是个具有成熟时尚主张的女性，你从来都不是时尚牺牲品，你就是独一无二的你。希望你能成为这样的女性，就从今天开始。

尼娜

致 谢

感谢我的家人和朋友，你们是我灵感与力量的源泉。感谢上帝让我与你们这群最具天赋与智慧的人生活在一起。

感谢鲁本 · 托莱多，感谢你才华横溢的插图作品，你的才华是我们最丰美的收获。你为本书描绘的每一幅插图和每一个细节都充满了艺术美感。能够和你的名字一起印在书的封面上，我倍感荣幸。当然，我还要感谢站在你身后的完美女人——伊莎贝尔 · 托莱多（她正是我在书中描述的那种拥有装扮智慧的优雅女人，她的着装永远令我惊艳）。

感谢雷纳 · 阿兰格里，感谢你充满感染力的工作热情。没有你的耐心、温和（而坚定）的指导，这本书不可能像现在这样充满魅力。

感谢玛丽莎 · 马蒂欧，工作起来雷厉风行的率性女子。感谢你用你那马达一般强劲、电脑一般条理分明的大脑，将所有工作安排得井井有条。

感谢舒巴尼 · 萨尔卡，你是当之无愧的天才。你的艺术天赋令人印象深刻，如果你从事时尚业，会是所有人忌妒的对象。

感谢哈珀 · 柯林斯出版社的所有工作人员，感谢你们为本书付出的心血和劳作。特别要感谢的是极具天才素质的梅琳达 · 摩尔、艾米 · 弗里兰、格蕾丝 · 维拉斯、苏珊 · 库斯科、罗莉 · 帕格洛兹、卡拉 · 克利福德、安吉 · 李、菲力西亚 · 苏利文、萨曼莎 · 哈格鲍尔默、简妮娜 · 马克、安德里亚 · 罗森、保罗 · 欧逊斯基、米歇尔 · 多明戈兹、道格 · 琼斯、马格 · 舒普弗、玛丽 · 艾伦 · 奥尼尔以及史蒂夫 · 罗斯。

感谢戴维和卢卡斯，感谢你们一次又一次到我家拜访，为我制造了一个又一个去公园溜达的借口。你们是我的灵感之源。

感谢《天桥骄子》的每一位朋友——所有的参赛者、Bravo 电视台、

Lifetime 频道以及韦恩斯坦公司，感谢你们将这档节目打造得如此成功。

最后，我要感谢我所从事并且热爱的时尚行业，它总是用源源不断的魅力和无所不能的奇迹让我着迷。我热爱我的职业，并且相信我们作为时尚从业者的力量，没有什么能够改变我对时尚的信念。

注　释

1　Hanes（恒适），美国著名大众服装品牌，已有百年历史，以简洁、舒适、随意、自然为品牌特征。

2　崔姬，20 世纪 60 年代英国最具影响力的模特，她的绰号是 Twiggy，她瘦削而无曲线的身材、矮小的个头和前所未有的中性主打形象彻底改变了人们对美的定义、对眼部的化妆方式和对完美身材及模特的认知。她被认为是“时尚界第一位超级模特”。

3　佩内洛普 · 特里，20 世纪 60 年代最著名的超模之一。

4　伊迪 · 塞奇威克，20 世纪 60 年代“地下电影女皇”，波普艺术家安迪 · 沃霍尔的御用女主角，她因时尚古怪的穿衣风格引领了当时的波普时尚风格，成为艺术和时尚界的文化符号之一。

5　玛丽 · 匡特，20 世纪的“迷你裙之母”，后建立以自己名字命名的设计品牌。

6　简 · 诗琳普顿，20 世纪 60 年代继崔姬之后又一位超模，伦敦时尚界的缪斯之一。

7　Balenciaga(巴黎世家)，由 20 世纪的天才设计师克里斯托巴尔 · 巴伦西亚加创立的高级时装品牌。该品牌的机车包深受众多顶尖潮人宠爱，位居最著名的 IT bag（“最受关注的包”的代名词）之列。

8　杰奎琳 · 奥纳西斯，美国前总统肯尼迪的夫人，在肯尼迪遭遇刺杀之后嫁给希腊船王奥纳西斯。是 20 世纪 60 年代时尚代表人物之一。

9　罗伯托 · 卡瓦利，意大利著名设计师，时装界、艺术界及香水界善于标新立异的时尚先驱，以塑造野性、充满欲望的女性形象著称。

10　克里斯提 · 鲁布托，同名高级鞋履品牌的创立者，他设计的鞋履以猩红鞋底著称。

11　缪西娅 · 普拉达，全球最著名服装品牌 Prada（普拉达）的继承人，在接管家族品牌之后成为其首席设计师，并为年轻女性创立

MiuMiu（缪缪）品牌。

12 南希 · 西纳特拉，美国著名歌手，曾发布单曲《这些靴子是用来穿的》。

13 电影《几近成名》中凯特 · 哈德森的角色——佩妮 · 莱恩。

14 电影《壮志凌云》中汤姆 · 克鲁斯的角色——马甫里克。

15 电影《搏击俱乐部》中布拉德 · 皮特的角色。

16 电影《飞行家》中由莱昂纳多 · 迪卡普里奥扮演。

17 迈克尔 · 科斯，美国著名设计师，以极简的设计风格著称，并创立了同名时装品牌。

18 史蒂夫 · 麦奎因，20 世纪 60~70 年代好莱坞著名的硬汉派影星。

19 吉姆 · 莫里森，“大门”乐队主唱，西方流行音乐史上不可磨灭的明星。

20 史蒂文 · 泰勒，“史密斯飞船乐队”主唱。

21 劳伦 · 赫顿，20 世纪 60~70 年代美国最著名的超模之一。

22 马莎 · 格雷厄姆，美国著名舞蹈家，美国现代舞的创始人之一。

23 Repetto（雷佩托），法国顶级芭蕾鞋品牌。

24 Lanvin（朗万），法国历史最悠久的高级时装品牌之一，以优雅与精致的设计风格著称。

25 Tory Burch（托里 · 伯奇），美国很受年轻人欢迎的时尚女装品牌。

26 巴黎和平大街（Rue de la paix），法国最著名的时尚地标，有“珠宝大道”的美誉，其中以卡地亚全球旗舰店最为耀眼。同时也有“时尚摇篮”之称，无数时尚品牌已慕名进驻。

27 Mark Davis（马克 · 戴维斯），著名时尚品牌。

28 Alexis Bittar（亚历克西斯 · 比塔尔），著名古董珠宝品牌，它对现代感和古典气质的融合深受时尚人士喜爱。

29 南希 · 丘纳德，20 世纪 30 年代巴黎红极一时的时尚偶像。

30 黛安娜 · 弗里兰，20 世纪 30~50 年代最具影响力的时尚杂志之一——《时尚》（*Vogue*）的主编。

31 埃尔莎 · 斯基亚帕雷利，意大利著名设计师，她设计的服装以卓绝的想象力和创造力著称，用色极为大胆，罂粟色、猩红色等强烈的、鲜艳的颜色经常在她的设计中出现。

32 LAI，著名的奢侈珠宝品牌。

33 Lana Marks（拉纳 · 马克斯），著名时尚品牌，以极致奢华的晚宴包为主打产品。

34 Streets Ahead（一路前行），美国著名皮带制造商。

35 Linea Pelle（利内亚 · 佩莱），美国著名的皮带制造商，旗下也有包袋系列，是好莱坞女星们最爱的品牌之一。

36 Ralph Lauren（拉尔夫 · 劳伦），该品牌创立于 1972 年。

37 Azzedine Alaia（阿瑟丁 · 阿拉亚），由时装界最传奇的设计师之一——阿瑟丁 · J · 阿拉亚创立，他是 20 世纪 80 年代“超紧身性感”风潮的创始人。

38 Onda de Mar（翁达 · 德马尔），著名奢侈泳衣品牌。

39 Rosa Cha（罗萨 · 查），著名泳衣品牌，被誉为“比基尼界的范思哲”。

40 Eres（埃雷斯），法国顶尖级泳衣品牌。

41 托马斯 · 迈尔（Thomas Maier），著名时尚品牌 Bottega Venata（宝缇嘉）创意总监托马斯 · 迈尔所创立的泳装品牌。

42 佩雷斯 · 希尔顿，美国著名八卦天王，他的博客网站以好莱坞明星的八卦为主要内容，靠犀利的文笔和门类丰富的小道消息拥有大量粉丝。

43 亨利 · 戴维 · 梭罗，美国作家、哲学家，著有《瓦尔登湖》。

44 Wolford（沃尔福德），全球顶尖级内衣及丝袜制造品牌。

45 Brooks Brothers（布鲁克斯兄弟），拥有超过百年历史和无数名流拥趸的美国经典服饰品牌，被誉为美国时尚的标志性品牌之一。

46 Neiman Marcus（内曼 · 马库斯），美国以经营奢侈品为主的高端百货商店。

47 Berdorf Goodman（波道夫 · 古德曼），Neiman Marcus 品牌旗下另一个高端百货商店，与前者同为当今美国营业业绩最好的奢侈品百货商店。

48 Target（塔吉特百货公司），美国第四大零售商，定位为高级折扣零售店。

49 有传言称，买主是曾在电影《庇隆夫人》中饰演女主角的麦当娜。

50 玛德琳 · 奥尔布赖特用佩戴不同款式的胸针以表达自己的情绪和谈判意图，这种独具特色的沟通方式被誉为“胸针外交”。

51 Chloé（珂洛艾伊），创立于 1952 年的顶尖级时尚品牌，以不断更换的设计师所共同建立的柔美浪漫风格闻名。

52 Allegra Hicks（阿莱格拉 · 希克斯），意大利著名服装及家居设计品牌，以打造简单、时尚的生活方式著称。

53 巴贝 · 佩利，前《时尚》杂志时尚编辑及哥伦比亚广播公司创始人威廉 · S · 佩利的夫人。

54 马雷拉 · 阿涅利，前菲亚特董事长吉安尼 · 阿涅利的夫人，与巴贝 · 佩利同被美国著名作家楚门 · 卡波特形容为“天鹅”。

55 豆袋椅，以小球粒或者泡沫塑料为填充物的椅子，随坐姿而变形。

56 希波吕忒，亚马逊族女皇。

57 玛琳 · 黛德丽，德裔美国演员兼歌手，曾被美国电影学会评为“百年来最伟大的女演员第 9 名”。

58 弗兰克 · 希纳特拉，美国著名歌手、演员、电台及电视节目主持人。

59 伊丽莎白 · 泰勒，美国著名电影演员，曾两次获得奥斯卡最佳女主角奖以及美国电影学会、英国电影学院终身成就奖。同时，她因美貌、电影才华和 8 次失败的婚姻成为舆论焦点。

60 安妮塔 · 卢斯，美国著名作家、编剧。

61 朱迪丝 · 莱贝尔，美籍匈牙利设计师，她以精美的手袋设计名震全球。

62 南希 · 冈萨雷斯，来自哥伦比亚的女设计师，她在美国纽约建立了同名豪华手袋及配饰品牌 Nancy Gonzalez，如今已经成为世界上最大的兽皮手袋制造商。

63 VBH，意大利奢侈品牌，以信封手袋最为著名。

64 R & Y Augousti（R & Y · 奥古斯蒂），1990 年创立的高端室内装饰

与饰品手袋品牌，该品牌以设计师——奥古斯蒂夫妇命名。

65 维克图瓦 · 卡斯特拉内，法国著名珠宝设计师，曾为 Chanel 品牌效力 14 年，1998 年被 Dior 品牌评为旗下首位“首席高级珠宝设计师”。

66 H. Stern（H. 斯特恩），巴西著名珠宝品牌，全球第三大珠宝制造商，以具有南美洲特色的热情、浪漫设计风格为特色。

67 Tony Duquette（托尼 · 杜克特），美国著名室内设计品牌，该品牌的客户包括温莎公爵和丽思卡尔顿酒店。

68 Stephen Dweck（史蒂芬 · 德维克），美国著名珠宝设计品牌。

69 David Webb（戴维 · 韦布），美国著名珠宝品牌。

70 Loree Rodkin（洛里 · 罗德金），美国著名珠宝品牌，曾为奥巴马夫人打造选举之夜和就职舞会所佩戴的首饰。

71 Chrome Hearts（克罗心），全球最著名的银饰品牌之一，以摇滚朋克和街头嘻哈的低调奢华风著称。

72 Stephen Webster（史蒂芬 · 韦伯斯特），当今英国最杰出的珠宝设计师之一，拥有“名流珠宝设计师”之称。

73 “时装珠宝之王”是对莱恩设计的大量更新速度较快、采用仿真宝石制作、造价相对低廉的珠宝的美称。

74 海滩男孩乐队，20 世纪 50 年代美国著名乐队。

75 詹姆斯 · 迪安，美国著名演员，一生仅拍过 3 部电影，但仍被誉为“美国最伟大的演员之一”。

76 Manolo Blahnik（莫罗 · 伯拉尼克），英国著名高端鞋履品牌，目前为全球最受追捧的鞋履品牌之一，该品牌鞋款被誉为“高跟鞋中的贵族”。

77 LeSportsac（力士保），美国著名包袋品牌，以耐用型尼龙布质包袋著称。

78 M · A · C，全球著名专业彩妆品牌。

79 Mario Badescu（名门闺秀），美国著名化妆品品牌，以专业及纯天然护肤产品为人们所熟知。

80 Tweezerman（修美人），德国著名美容用具品牌。

81 赫莲娜 · 鲁宾斯坦，奢华化妆品品牌 HR 创始人。

82 Tony Lama（托尼 · 喇嘛），世界上最著名的皮靴品牌之一，创立于 1911 年。

83 Lucchese（卢凯塞），美国著名鞋履制造品牌。

84 玛丽 · 翠萍 · 卡朋特，美国著名流行民谣女歌手，曾获得 5 座格莱美奖和两座全美乡村音乐奖。

85 Hermès 品牌旗下的著名系列品牌，创立于 1927 年。

86 Kara Ross（卡拉 · 罗斯），闻名世界的豪华配饰品牌，总部设在美国纽约。

87 Robert Lee Morris（罗伯特 · 李 · 莫里斯），美国殿堂级首饰品牌，以银质、K 金首饰著称。

88 John Hardy（约翰 · 哈迪），美国著名时尚配饰品牌。

89 Patricia Von Musulin（派翠西亚 · 冯穆苏林），美国著名时尚配饰品牌。

90 Verdula（佛杜拉），著名珠宝设计品牌，开创者是意大利珠宝设计师佛杜拉公爵，他最著名的身份是 Chanel 首席珠宝设计师，他设计的宽手镯成为香奈儿女士的最爱。

91 奥斯卡 · 王尔德，英国著名文学家、作家及剧作家，他是英国唯美主义艺术运动的倡导者。

92 贾尼斯 · 乔普林，美国 20 世纪 60 年代最具代表性和个人风格的女歌手，迷幻主义风格的追随者，被称为当时美国歌坛的“精神圣女”。

93 A.P.C.，巴黎著名时装品牌，创立于 1988 年，以简洁舒适的风格著称。

94 Diesel（迪赛），意大利著名牛仔品牌，创立于 1978 年，以年轻而富有创意的品牌形象著称。

95 Marc by Marc Jacobs（马克 · 雅各布斯的马克），是 Marc Jacobs（马克 · 雅各布斯）专为年轻消费者创立的副线品牌。

96 梅 · 韦斯特，20 世纪 30 年代美国著名女演员、歌手和剧作家。她被称为“好莱坞第一位性感女星”，以提倡性解放著称。

97 莫莉 · 林瓦尔德，美国著名演员，在《红粉佳人》中饰演女主角。该影片中的男女主角着装屡屡被评论家给予赞誉。

98 迪塔 · 万提斯，活跃在电影、电视、舞台、杂志等多个时尚领域，多栖发展的美国传奇女性，她脱衣舞娘的身份最为出名。

99 史密森学会，唯一一家由美国政府资助的、半官方性质的博物馆机构。1846 年创建于美国首都华盛顿，学会下设 14 所博物馆和 1 所国立动物园。

100 巴顿将军，原名乔治 · 巴顿，他是第二次世界大战中著名的美国军事统帅。

101 J. Mendel（J. 门德尔），来自法国的奢侈品品牌，以皮草设计著称。该品牌最爱将不同的皮草物料拼合在一起，打造极致繁复的奢华感。

102 Dennis Basso（丹尼斯 · 贝索），来自纽约的昂贵皮草品牌，该品牌树立了“新皮草”风格。它对经典皮草款式进行了改良，同时还将刺绣、镶珠钉等手工艺加入到皮草设计中。

103 劳伦 · 白考尔，美国著名电视剧、电影演员，曾是好莱坞著名影星亨弗莱 · 鲍嘉的妻子。

104 艾尔 · 卡彭，20 世纪 20 年代芝加哥黑帮“教父”，他的犯罪经历曾被翻拍成多部好莱坞电影，其中包括著名的《疤面煞星》（*Scarface*）和《铁面无私》（*The Untouchables*）。

105 艾格妮丝 · 戴恩，如今英国最著名的超模之一，她以百变造型和洒脱气质著称。

106 贾斯汀 · 汀布莱克，美国著名歌手及时尚偶像。

107 阿瓦 · 加德纳，20 世纪 40 年代好莱坞著名影星，被认为是丽塔 · 海沃思之后好莱坞的又一位性感女神。

108 让 · 保罗 · 戈尔捷， 法国著名设计师，被称为“时尚顽童”，永远花样翻新的设计和夸张诙谐地将古典、前卫、奇风异俗等元素融于一体是他的招牌特色。

109 Urban Outfitters 公司，美国著名平价时尚品牌，它打破了服装行业品牌专营商和销售商之间的界限，既出售自己旗下的品牌，也是其他品牌的零售场所。

110 Dean Harris（迪安 · 哈里斯），美国著名配饰品牌。

111 实际上，Speedy 系列还有迷你和 Speedy40 两种尺寸。——译者注

112 布维尔，杰奎琳嫁给肯尼迪之前的姓氏。

113 戴维 · 鲍伊，出生于 20 世纪 40 年代的英国著名摇滚歌手，被称为 20 世纪的“摇滚传奇”之一。

114 鲁保罗，美国著名的词曲创作歌手，变性模特，被称作“变装皇后”。

115 莱特 · 赛义德 · 弗雷德，英国 20 世纪 90 年代著名的三人组合，该曲是该组合的成名曲，曾登上多个国家流行榜单榜首。

116 菲姬，著名乐团“黑眼豆豆”的女主唱。

117 伊夫，美国著名说唱女歌手。

118 布鲁斯 · 斯普林斯廷，美国 20 世纪 70 年代的摇滚巨星。

119 埃尔顿 · 约翰，英国 20 世纪 70 年代最伟大的摇滚歌手。

120 ZZ 托普乐队，20 世纪 70 年代成立于美国，除了不多的经典音乐作品之外，乐队成员蓄起的“音乐界最长的胡子”也让他们的名字被载入史册。

121 克丽丝 · 迪伯格，20 世纪 40 年代末出生的著名歌手，后被称作“爱尔兰的国宝级歌神”。

122 科里 · 哈特，活跃于 20 世纪 80 年代的加拿大籍美国歌手，此曲曾经登上美国流行音乐排行榜前十位。

123 马克 · 克诺普夫勒，20 世纪 70 年代末崛起于英国的超级摇滚乐团“恐怖海峡”的灵魂人物，是英国最成功的集词曲创作、制作、演唱与吉他弹奏技艺于一身的全才型音乐家之一。

124 普林斯，原名普林斯 · 罗杰斯 · 尼尔森，20 世纪 80 年代美国乃至整个欧美仅次于迈克尔 · 杰克逊的伟大音乐家之一。

125 保罗 · 西蒙，美国著名流行音乐歌手，著名音乐组合“西蒙和加芬克尔”的一员。

126 保罗 · 努蒂尼，出生于 20 世纪 80 年代的苏格兰创作型歌手。

127 凯斯 · 厄本，澳大利亚著名乡村歌手，妮可 · 基德曼的现任丈夫。

128 罗伯特·帕尔默，英国流行摇滚歌手兼词曲创作人，以灵魂乐唱腔和电子混音风格著称。

129 乔治·迈克尔，英国著名流行歌手，曾获 8 张英国金榜冠军专辑和 8000 万张全球专辑销量殊荣。

130 奥尔德斯·赫胥黎，英国著名作家，作品《美丽新世界》是 20 世纪最经典的反乌托邦文学之一。

131 Rogan（罗根） 和 Edun（伊顿），均为设计师罗根·格里高利开创的新生代牛仔设计品牌，它们以卓越的修身效果和限量出售的营销方式著称。由于面料轻柔别致，前者被称为“世界上最舒服的牛仔裤”。

132 利奥·施特劳斯，之后他更名为李维·施特劳斯。

133 索尼娅·赫尼，好莱坞第一位运动巨星，进入演艺界之前曾获花样滑冰世界冠军。曾经 3 次获得奥运会金牌。

134 黛安娜·基顿，美国著名实力派女演员、导演及制片人，曾获奥斯卡最佳女主角奖。

135 安德烈·库雷热，20 世纪 60 年代法国最著名的设计师之一。

136 霍诺尔·布莱克曼，英国著名影星，被誉为“第一位不是花瓶的邦女郎”。

137 摩登式（mod）装扮，崇尚干净简明，充满现代感的时尚风格。

138 蓝尼·克拉维茨，美国著名流行摇滚歌手，曾获得格莱美“最佳摇滚歌曲”和“最佳摇滚男歌手”奖项。

139 琼·杰特，美国最著名的摇滚偶像之一，黑心乐队 20 世纪 80 年代最重要的合作者，被誉为“世界第一摇滚天后”。

140 黛比·哈丽，美国 20 世纪 70~80 年代最具影响力的摇滚女歌手。

141 吉姆·莫里森，20 世纪 60 年代美国最著名的乐队之一——“大门乐队”的主唱，后因吸毒、酗酒过度，于 28 岁离世。

142 “猫女”，源自《蝙蝠侠》系列的一个著名形象，以全身紧身皮革造型著称。

143 埃勒·麦克弗森，澳大利亚名模，并且开创了以自己名字命名的著名内衣品牌。

144 谢赫拉查达，电影《一千零一夜》中讲故事的女主角。

145 冬青树乐队（The Hollies），20世纪60年代著名的英国摇滚乐队之一。

146 雪儿，美国著名歌手及演员。

147 伊丽莎白 · 赫尔利，英国著名演员、超模，雅诗兰黛品牌长期代言人。

148 Kate Spade（凯特 · 丝蓓），美国著名箱包设计品牌。

149 Samsonite（新秀丽），具有百年历史，享誉全球的专业旅行箱制造品牌。

150 Tumi（塔米），美国著名时尚箱包品牌，因其对功能性与耐用性的坚持而著称。

151 Globe-Trotter（漫游家），英国全手工制造奢华箱包品牌。

152 T. Anthony LTD，全球著名定制旅行箱品牌。

153 Ghurka，著名皮革箱包及手袋设计品牌。

154 Longchamp（珑骧），享誉世界的著名皮具制造世家。

155 Goyard（戈雅），拥有超过150年历史的奢华旅行箱包品牌。

156 《后窗》，希区柯克经典悬疑电影之一，上映于1954年。

157 实际上，该漫画的作者也叫巴斯特 · 布朗。——译者注

158 卡丽 · 布拉德肖，流行美剧《欲望都市》女主角之一。

159 泰 · 米索尼，他曾经在1938年获得意大利400米短跑冠军，并且在1948年伦敦奥运会400米跨栏项目中进入决赛。

160 佛罗伦萨碧提宫，位于意大利佛罗伦萨一座规模宏大的文艺复兴时期宫殿，曾是拿破仑的权力中心所在，现为佛罗伦萨最大的公共美术馆。

161 “idk my bff jill”，是“I don’t know, my best friend forever Jill”的简称，是美国一则商业广告中的台词，后被广泛用于各种场合，用来作为人们被诘问得哑口无言时的回答。

162 Smythson of Bond Street（邦德街上的斯迈森），英国乃至全球历史最悠久的奢华文具制造品牌之一，它以四项“皇室御用供应商”的封号著称。

163 埃达 · 莱福森，英国小说家，奥斯卡 · 王尔德曾称她为“世间最聪慧机敏的女子”。

164 弗朗索瓦丝 · 哈迪，20 世纪 60~70 年代活跃在法国歌坛的著名创作型女歌手。

165 玛丽安娜 · 费思富尔，英国著名歌手、影星，在电影处女作《皮革下的裸露》中穿着黑色皮夹克的造型成为影坛经典。

166 “性手枪”乐队，英国最具影响力的朋克摇滚乐队之一。

167 洛杉矶的古着店是很多服饰的最佳购买场所，机车夹克就是其中之一。

168 Rick Owens（瑞克 · 欧文斯），美国著名设计品牌。极富创意的哥特式设计和极简风格的色彩运用是该品牌的设计特色。

169 这部电影中，马龙 · 白兰度的机车男造型奠定了机车夹克作为叛逆青年标志性服饰的位置。——译者注

170 Schott Perfecto（肖特 · 佩费克托），具有传奇意义的美国皮衣制造品牌，迄今已有近百年历史。

171 Essie（埃西），美国著名美甲品牌，以超过 300 种令人赞叹的迷人色彩和不易褪色脱落的品质著称。

172 OPI（欧派），高端专业美甲品牌，是美甲界领军品牌。

173 鼓击乐团，当代美国最出色的独立摇滚乐队之一。

174 杀手乐团，美国著名另类摇滚乐队。

175 滚石乐队最具影响力的金曲，曾经将无数音乐奖项收入囊中。

176 琼 · 克劳馥，好莱坞著名演员。

177 克劳黛 · 考尔白，好莱坞著名喜剧明星，曾获得奥斯卡最佳女主角奖。

178 上海滩，创建于 1994 年的唐装品牌，以改良式现代旗袍、唐装和马褂等富有东方风情的服饰著称，自品牌创立以来就受到无数西方时尚人士的追捧。

179 Frette（弗雷泰），全球历史最悠久的豪华纺织品制造商，迄今已有超过 140 年的历史，成为意大利皇室与全球各国皇家贵族的官方指定供应商和明星热爱品牌。

180 Olatz Schnabel（欧拉兹 · 施纳贝尔），美国豪华床上用品品牌，以绚烂而充满艺术感的色彩运用著称。

181 MIKIMOTO（御木本），日本乃至全球最著名的珍珠饰品品牌。日本皇室和欧洲皇室贵族的御用珍珠饰品品牌，从 2002 年开始成为环球小姐的官方珠宝赞助商。

182 玫琳凯 · 艾施，著名化妆品品牌玫琳凯的创始人和荣誉董事长，曾荣获《福布斯》杂志评选“200 年来 20 位全球企业界最具传奇色彩成功人物”奖项。

183 James Perse（詹姆斯 · 佩尔斯），创建于 1991 年的美国休闲服饰品牌。

184 Adam+Eve（亚当与夏娃），2004 年创立的新晋时尚品牌，以内衣和 T 恤为主打设计种类。

185 The Row，好莱坞电视明星、2004 年《人物》杂志评选的“全球 50 位最美人士”之一的奥尔森姐妹创立的成衣品牌。

186 Vince（文斯），美国著名休闲服饰品牌。

187 C&C California，美国著名时尚服饰品牌。

188 “极客”（geek），在美国俚语中意指智力超群，善于钻研但不懂与人交往的学者、知识分子或技术“怪杰”，含有贬义。

189 Lacoste（法国鳄鱼），得名源于其创始人——法国著名网球选手热内 · 拉克斯特，因为他的长鼻子和富有进攻性的网球打发，被人们冠以“鳄鱼”的绰号。该品牌已成为拥有运动休闲服饰、鞋、皮具、手表、眼镜及香水的著名时尚品牌。

190 Fred Perry（弗莱德 · 派瑞），英国著名时尚服装品牌，创立于 1952 年，以鲜明的英伦风受到全球年轻人的热烈追捧，它在 1952 年生产的第一款 Polo 衫成为该品牌永恒的经典。

191 Rugby Ralph Lauren（拉格比 · 拉尔夫 · 劳伦），该品牌创立于 2004 年，是 Ralph Lauren 品牌旗下针对 16~25 岁年龄段消费者的青春系高端品牌。

192 Pucci（璞琪），意大利著名时装品牌，以丰富的彩色几何印花设计著称。

193 La Perla（拉 · 佩拉），意大利著名奢华内衣品牌，创立于 1954 年。

194 Kiki de Montparnasse(基基 · 德蒙帕纳斯)，美国顶级内衣品牌之一。

195 Agent Provocateur（大内密探），英国著名时尚服饰品牌。

196 Victoria's Secret（维多利亚的秘密），全球时尚内衣界龙头品牌。优雅、时尚、性感和浪漫是该品牌代名词。

197 Wonderbra，著名时尚内衣品牌，以古典简约、典雅别致的设计与一系列充满想象空间的性感广告大片著称。

198 Moët Hennessy (酩悦 · 轩尼诗)，法国最顶尖的奢侈酒类制造品牌。

199 MOET & CHANDON'S DOM PERIGNON（香槟王），香槟巨头酩悦旗下最顶级的香槟。

200 Clilique（倩碧），全球知名化妆品品牌，以按照皮肤学专家配方研制、通过过敏性测试、100% 不含香料的护肤和彩妆产品而被全球使用者认可。

201 Cover Girl（封面女郎），美国最大的彩妆品牌之一。

202 Anna Sui (安娜苏)，美国著名时尚品牌，以浓厚的复古气息和绚丽奢华的独特气质著称。

203 Elizabeth Arden（伊丽莎白 · 雅顿），创立于 20 世纪初的全球知名化妆品品牌。

204 NARS (纳斯彩妆)，由出身时尚界的法国彩妆大师弗朗索瓦 · 纳斯于 1994 年创立的美国专业彩妆品牌。

205 Trucco（特鲁科），西班牙著名女装品牌。

206 文罗斯卡，20 世纪 60 年代最具风格的超模及演员之一，后成为《时尚》杂志的主编。

207 乐趣旅游集团（Abercrombie & Kent），全球最成功的豪华探险旅游集团之一，以提供高品质的探险旅行服务著称。

208 Banana Republic（香蕉共和国），GAP 旗下高端服饰品牌，以低调简洁的设计风格与高端的品质和价位著称。

209 纳瓦霍（Navajo），是美国最大的印第安部落。

210 多萝西 · 菲尔兹，美国著名音乐剧作家、词作者，曾为400余部百老汇歌剧与好莱坞电影写作插曲。

211 纱笼，马来西亚人或者印度尼西亚人作为衣服裹在腰或者胸以下的长布条，男女均可以穿着。

212 艾尔 · 弗兰肯，美国著名政治评论家，曾被《人物》杂志称为“最机智的讽刺作家”。

213 Stubbs & Wootton（斯塔布斯和伍顿），著名鞋履品牌，以制造精良的拖鞋、平底便鞋著称。

214 Tom Binns（汤姆 · 宾斯），深受好莱坞明星推崇的北爱尔兰珠宝设计品牌，汤姆 · 宾斯本人曾在2007年被英国时装协会评选为“年度最佳配饰设计师”。

215 Van Cleef & Arples（梵克雅宝），诞生于1906年的全球顶尖珠宝品牌，一直以来都是世界各国贵族及名流钟爱的珠宝品牌。以采用上乘宝石及材质、精湛的镶嵌工艺以及匠心独运的设计理念著称。

216 Marni（玛尼），意大利著名服装品牌。

217 Petit Bateau（小帆船），法国著名服饰品牌。

218 Armor Lux（阿莫尔 · 卢克斯），法国知名纯棉与针织服装品牌，专门生产航海服装，曾为2008年北京奥运会制作帆船比赛工作服。

219 加里 · 格兰特，好莱坞著名影星，曾主演过《费城故事》、《深闺疑云》、《美人计》等经典电影，被誉为“好莱坞的大众情人”。

220 拉尔夫 · 沃尔多 · 爱默生，19世纪美国著名哲学家、文学家和诗人。

221 Viktor & Rolf（维果罗夫），来自荷兰的知名时尚品牌，2008年加入意大利时尚集团OTB（Only The Brave），与Diesel等时尚品牌同为旗下成员。

222 Rock & Republic（摇滚和平），美国著名时尚品牌，以高品质的牛仔服饰著称。

223 Juicy Couture（橘滋），来自美国加州的时尚品牌，它的设计走甜美女孩路线，以糖果般甜美、富有青春活力的用色著称。

224 贝蒂 · 卡图，超模，伊夫 · 圣洛朗的时尚缪斯之一。

225 莱莎·明奈利，著名歌手及演员，是极少数将奥斯卡奖、托尼奖、艾美奖以及格莱美奖全数收入囊中的明星。

226 露露·德·拉·法雷斯，伊夫·圣洛朗的另一位时尚缪斯。

227 碧安卡·贾格尔，滚石乐队主唱米克·贾格尔的妻子，20 世纪 60~70 年代著名的演员及时尚偶像之一，同时也是一位为人权和社会事务摇旗呐喊的社会活动家。

228 多莉·帕顿，美国著名乡村歌手。

229 Cosabella（戈萨贝拉），意大利著名内衣品牌。

230 Elle Macpherson Intimatesz（亲密的埃勒·麦克弗森），澳大利亚最大的内衣品牌。

231 艾米丽娅·埃尔哈特，世界上第一位飞越太平洋的女飞行员。

232 Courrèges（活希源），法国著名时尚品牌，是 20 世纪 60 年代最活跃且具有标志性地位的设计品牌，以纯粹简单、清新活泼的女装设计风格最为著名。

233 TAG Heuer（豪雅），瑞士顶级豪华手表品牌。

234 洛伊·奥宾森，美国著名音乐人，曾为电影《风月俏佳人》谱写插曲。

235 约翰·贝鲁西，美国知名喜剧明星。

236 丹·艾克罗伊德，同为美国知名喜剧明星。

237 黛安·冯芙丝汀宝，俄罗斯犹太裔著名设计师，在纽约开创的同名设计品牌已跻身美国一线时尚品牌之列，曾被《新闻周刊》誉为“纽约时装皇后”。

尼娜·加西亚

（Nina Gacia）

现任美国版《Elle》时装杂志的时装总监，近年来还在美国国家广播公司（NBC）旗下Bravo电视台热播真人秀节目《天桥骄子》中担任评委。尼娜·加西亚对时装一语中的、鞭辟入里的点评令她名扬四方。

鲁本·托莱多

（Ruben Toledo）

画家、雕塑家、插画师。

他的作品曾经登上《时尚》（*Vogue*）、《时尚芭莎》（*Harper's Bazaar*）、《细节》（*Details*）、《派帕》（*Paper*）、《视觉》（*Visionaire*）、《时尚男装》（*L'Uomo*）以及《纽约时报》（*New York Times*）及其他一些媒体。